断陷湖盆斜坡带
油气地质与勘探实践

——以渤海湾盆地饶阳凹陷为例

李海涛　朱筱敏　崔　刚　黄捍东
刘蓓蓓　韩军铮　陈贺贺　李　琪　　等著

U0349485

石油工业出版社

内 容 提 要

本书利用当今源汇系统地质思想，采用地质与地球物理先进理论方法相结合，特别是采用地震沉积学和储层地质—地球物理反演综合方法技术，开展饶阳凹陷蠡县斜坡古近系物源组成、沉积体系、砂体刻画、成藏要素、有利区预测综合研究以及岩性油气藏描述和勘探，通过浅水三角洲的精细描述和储层反演，基于浅水三角洲沉积模式和油气成藏要素综合研究，总结出五种油气成藏模式，为实现油藏精细描述及下步勘探开发提供了有力支撑。

本书是一本理论结合实际的研究成果，并获得良好勘探开发成效，为成功勘探开发岩性油气藏提供了范例，可供石油勘探开发人员和相关高校师生参考使用。

图书在版编目（CIP）数据

断陷湖盆斜坡带油气地质与勘探实践：以渤海湾盆地饶阳凹陷为例／李海涛等著 . —北京：石油工业出版社，
2019.10

ISBN 978-7-5183-3617-3

Ⅰ.①断… Ⅱ.①李… Ⅲ①断陷盆地-斜坡-石油天然气地质-研究②断陷盆地-斜坡-油气勘探-研究
Ⅳ.①P618.13

中国版本图书馆 CIP 数据核字（2019）第 210677 号

出版发行：石油工业出版社
　　　　　（北京安定门外安华里 2 区 1 号　　100011）
　　　　　网　　址：www.petropub.com
　　　　　编辑部：（010）64523544
　　　　　图书营销中心：（010）64523633
经　　销：全国新华书店
印　　刷：北京中石油彩色印刷有限责任公司

2019 年 10 月第 1 版　　2019 年 10 月第 1 次印刷
787×1092 毫米　开本：1/16　印张：12.75
字数：310 千字

定价：100.00 元
（如出现印装质量问题，我社图书营销中心负责调换）

前　　言

中国沉积盆地富含油气资源，众多油气资源赋存在岩性圈闭之中。岩性油气藏是当今中国成熟含油气盆地油气勘探开发的主要领域，渤海湾盆地饶阳凹陷蠡县斜坡古近纪为宽缓的继承性斜坡，是岩性油气藏勘探增储的有利地区。

本书利用当今源汇系统地质思想和先进的石油地质、地球物理理论方法，针对饶阳凹陷蠡县斜坡沉积缓坡带的地质特征，基于岩心、钻井及三维地震资料综合建立全区古近系高精度层序格架，结合多种物源研究方法确定饶阳凹陷蠡县斜坡多水系供源的特征，采用古地貌及前积反射控制宏观物源方向，岩石学特征指示母岩类型及物源方向，古水系及泥岩颜色指示物源体系组合及湖岸线展布，并基于锆石 U—Pb 定年，通过碎屑锆石年龄谱与源区基岩年龄对比，精细示踪古近系沙河街组物源体系配置关系。研究表明，蠡县斜坡沙河街组发育三个物源体系，其中，北部物源体系物源区为华北北缘及兴—蒙造山带上古生界（Pz）火成岩，由太行山北段水系自西北向斜坡供源；中部物源体系物源区为涞源地区中生界（Mz）火成岩、中—新元古界（Pt_{2+3}）侵入岩、中—新太古界（Ar_{2+3}）变质岩，由古唐河水系自西南向斜坡供源；南部物源体系物源区为五台地区古元古界（Pt_1）滹沱群变质岩、中基性火成岩，由古大沙河水系自西南向斜坡供源。

通过岩心定量描述及测井相分析精细表征沉积特征，利用地震沉积学的方法刻画沉积相展布及沉积微相组合特征，并基于上述认识开展岩性油气藏储层精细刻画与预测工作。饶阳凹陷蠡县斜坡古近系沙河街组二段以浅水三角洲内、外前缘亚相为主，发育水下分流河道、分流间湾、远沙坝等沉积微相。其中，水下分流河道以槽状、楔状交错层理和平行层理为主，表现为间断性正韵律，单期韵律为 1.0~2.5m，分流间湾以过渡型层理、水平层理及生物扰动构造为主，单期韵律较薄，为 0.5~1.2m。通过岩性精细标定，采用地震沉积学地层切片刻画出四期浅水三角洲，地层切片上可见浅水三角洲不同相带的振幅分界。在沙河街组沉积时期，自下而上西南方向浅水三角洲沉积范围逐渐增大，"小平原、大前缘"特征明显，平原范围为 2~5km，前缘范围为 18~22km，水下分流河道砂体厚度约 8m；西北向浅水三角洲沉积范围逐渐缩小，呈现"大平原、小前缘"的特征。浅水三角洲各亚相的展布受到物源供给、古地形坡度、古气候等因素的综合控制，基于此建立不同坡度下浅水三角洲的沉积模式。

蠡县斜坡南段主要含油层系为古近系沙河街组尾砂岩段及特殊岩性段，砂体规模变化大，纵横向连续性及连通性不稳定，同期砂体在平面上表现为多套油水系统，且在成藏中出现"高水低油"现象，常规地球物理方法难以有效预测有利储层。针对蠡县斜坡沙河街组目的层段储层特征，在岩石物理分析与储层精细标定的基础上开展高精度地震相控非线性随机反演方法研究，精细刻画储层空间展布特征。测井岩石物理统计分析结果表明砂岩储层与泥岩的纵波速度差异明显，声波测井速度可以有效区分岩性，统计结果为地震反演速度体的岩性解释和储层分布预测提供了重要的依据。地震相控非线性随机反演将地震资料与测井资料相结合，在有效提高反演分辨率的同时减少反演结果的多解性，能够有效识别 5m 左右的薄储层，提高了储层预测吻合率。

饶阳凹陷蠡县斜坡为宽缓斜坡，构造规模特别是闭合高度低，难以形成较大规模的构造主控油气富集区，仅沿断层发育"牙刷状"构造油藏。一是平面上油藏沿断棱发育，含油幅度低，含油面积小，储层横向变化大，无确定的油水边界，纵向上主力油层集中发育，非主力层成藏随机性强，成藏的主控因素不明；二是因构造圈闭幅度小，发现微幅圈闭难度增大，圈闭的落实程度低。综合构造、沉积相、地震反演以及钻井等信息，特别是采用地震沉积学和储层地质—地球物理反演综合方法技术，基于浅水三角洲的精细描述和储层反演，建立了 5 种油气成藏模式及预测出 12 个有利潜力区，为实现油藏精细描述及下步勘探开发提供有力支撑。

本书是中国石油华北油田与中国石油大学（北京）长期油气勘探开发合作的研究成果，强调理论与实际相结合、地质与地球物理相结合、油气勘探与开发相结合，反映了渤海湾盆地饶阳凹陷蠡县斜坡油气综合勘探开发的最新进展。全书共分九章，第一章由李海涛、陈贺贺、刘翔编写；第二章由崔刚、刘蓓蓓和王玉忠编写；第三章由朱筱敏、陈贺贺、韩军铮编写；第四章由陈贺贺、朱筱敏、李琪编写；第五章由陈贺贺、秦祎、李琪编写；第六章由李海涛、叶蕾、田彦林编写；第七章由朱筱敏、陈贺贺、刘承汉编写；第八章由黄捍东、田行达、李建青编写；第九章由崔刚、黄捍东、田行达、张腾跃编写。全书最后由李海涛和朱筱敏修订统稿。

笔者力求清晰阐述饶阳凹陷蠡县斜坡沉积地质、地球物理储层反演和油气成藏特征以及油气勘探开发实践效果，希望本书反映的研究方法、学术成果以及相应的科学生产结论，对其他陆相沉积盆地斜坡区岩性油气藏勘探开发提供借鉴和参考。

目　　录

第一章　绪　　论

断陷盆地是指经历了地壳伸展、块体断裂，且发育过程可分为断陷前期、断陷期、断陷后期三个阶段的沉积盆地（Kingston 等，1983；Prosser，1993）。从断层组成来看，断陷盆地或受控于一条主要边界断层，呈现半地堑型盆地；或受控于多组相向倾斜的断层，形成地垒型或地堑型盆地（Gupta 等，1998）。从构造拉伸影响的尺度和面积来看，断陷盆地从几何形态上可以分为三种：半地堑型（断层活动主要集中于盆地一侧）（图1-1）、对称断陷型（断层活动在盆地两侧强度相等）、分隔断陷型（地垒将盆地分隔为多个次级盆地）（Doust，2015）。其中，对称断陷型盆地是指从现今构造角度呈现对称性，并不意味着在盆地形成时边界断层的活动强度对称，也不意味着其内充填的沉积地层厚度对称。

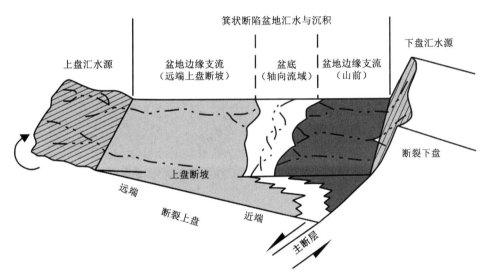

图1-1　半地堑型断陷盆地构造带划分及沉积体系配置示意图（据 Connell，2012，修改）

随着近海海域、大陆架以及深水区域油气勘探开发的日益成熟，其深部断陷盆地（包括部分盐下断陷盆地）的勘探开发引起了世界范围内的广泛关注（Mann 等，2003，2007）。据统计，断陷盆地相关沉积中油气产量占据了已探明巨型油气田油气产量的三分之一（约 $5×10^8$ bbl 油当量），且广泛分布于世界各地（Mann 等，2003，2007）。与世界深部断陷盆地勘探开发相似但不同，中国作为陆相盆地产油大国，其断陷盆地油气勘探多集中于浅部陆相断陷湖盆。尽管现今埋藏深度差异较大，深部断陷盆地和陆相断陷盆地均具有相同的断陷演化特征及沉积体系配置（Gawthorpe 和 Leeder，2000），且均具有非常大的油气勘探潜力。

断陷盆地的沉积动力学配置主体受轴向河流体系和两个横向山前排水体系等三个沉积带相互作用的影响（Gawthorpe 和 Leeder，2000；Hsiao 等，2010；Leeder，2011；Masini 等，2011；Connell 等，2012）。这些相互作用主要受控于盆地几何形态、沉降速率、沉积物输入量、汇水区形态和大小的控制，对这些因素的深入认识促进了对所有类型断陷盆地中碎屑沉积体系分布和演化方面的重大进展（Leeder 和 Jackson，1993；Bridge 和 Mackey，1993；Gawthorpe 和 Leeder，2000；Leeder 和 Mack，2001；Muravchik 等，2014；Elliott 等，2015；Muravchik 等，2018）。迄今为止，研究主要集中于横向沉积体系与轴向沉积体系之间的相互作用（Bridge 和 MacKey，1993；Leeder 等，1996；Gawthorpe 和 Leeder，2000；Marr 等，2000；Mack 等，2006；Cope 等，2012；Henstra 等，2017），但对于不同横向沉积体系之间的相互作用研究较少（陈贺贺等，2015）。

构造作用控制断陷盆地沉积体系的配置与沉积充填特征（Gawthorpe 和 Leeder，2000）。显然，构造作用控制着横向汇水体系在缓坡带和陡坡带的发育和演化。汇水盆地的面积受控于拉伸过程中形成的构造斜坡长度（Leeder 等，1991）。在任何气候及基岩条件下，汇水盆地的面积控制着水流和沉积物的年通量，进而控制了断陷盆地主控断层边缘冲积扇、扇三角洲和海（湖）底扇的面积（Gawthorpe 和 Leeder，2000）。基于断陷盆地类型及其演化主控因素的认识，Gawthorpe 和 Leeder（2000）提出了断陷盆地构造演化与沉积充填模型，并基于断层演化阶段的划分概括了断陷盆地由始至终的构造与沉积演化过程（图 1-2）。

在断层初始发育阶段中，众多规模较小的断层控制发育彼此相互独立的小型河流—湖泊体系充填的次级盆地（图 1-2a）。此时主要沉积物搬运通道主体继承先前河流体系，但受局部断层破裂和褶皱生长作用相关地貌变化的控制，发育局部的河流改道或合并。由于沉积物供给量差异，以及断层破裂和褶皱生长控制下地貌的差异风化作用，每个次级盆地中层序充填特征差异较大。该阶段多发育缓坡带浅水湖泊，以及受构造地貌和局部风力作用控制下迁移并沉积的风成沉积。

在断层连接阶段中，部分小规模断层的侧向生长和连接导致先前发育的小规模沉积中心相互合并成规模较大的沉积中心。同时部分小规模断层停止活动，由其形成的小规模沉积中心若靠近缓坡带的主控断层，则多被埋藏保存下来；若靠近陡坡带顶部，则多被抬升、下切改造（图 1-2b）。该阶段的汇水区多沿着断层上盘陡坡面及下盘斜坡面发育，由此形成了半地堑沉积盆地中横向沉积体系的沉积物源区。该阶段，河流—湖泊体系的发育位置主体受断层段的控制。

在断层继续生长阶段中，相邻断层段相互连接并最终形成了主断层带控制下的半地堑型断陷盆地。研究显示，断层的断距与断层的长度成正相关（Watterson，1986；Walsh 和 Watterson，1988；Marrett 和 Allmendinger，1991；Cartwright 等，1995）。因此，连接断层的长度增大将控制断层断距的增大，进而减小了盆地内部由先前次级沉积中心的分隔形成的相对高地貌（图 1-2c）。因此，轴向河流体系能够贯通先前发育的次级沉积中心。在半地堑型断陷盆地中，轴向河流沉积体系发育部位靠近断层下盘，并与下降盘陡坡带沉积体系交互沉积。由于断层断距生长速率的增加，断层上盘地貌凸起较明显，在该作用下，先前的河流供源体系会发生流向反转。

在断层消亡阶段中，大部分断层停止活动，但由于少量断层的迁移而造成沉积体系配置发生新的变化（图 1-2d）。例如，模型右侧显示活动断层向下盘方向迁移，造成先前形成的上盘扇体受到下切侵蚀，同时轴向河流体系向下盘方向侧向迁移。

针对中国陆相断陷盆地的特征，众多中国学者和石油勘探家不遗余力地寻找新的探勘思路以期打开油气勘探新局面。近年来，在渤海湾盆地的富油凹陷勘探工作中取得了较大的突破。代表性的相关研究和方法有：岩性地层油气藏勘探的地震储层预测技术和层序地

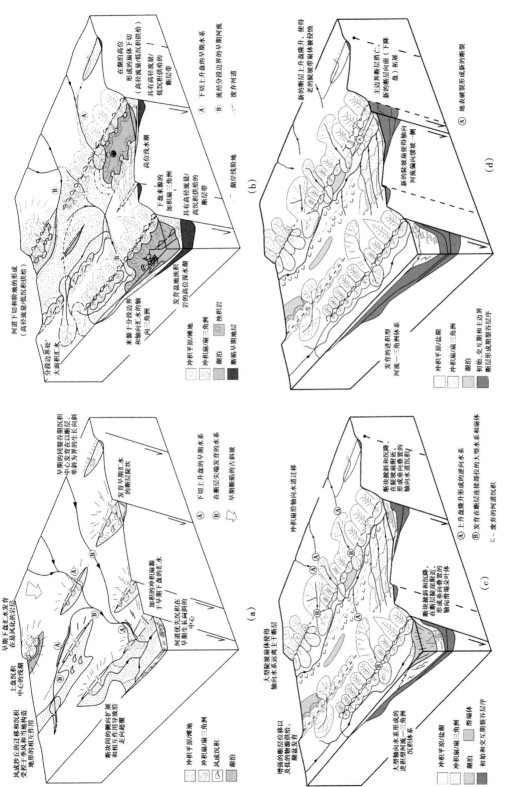

图1-2 断层演化控制下陆相断陷盆地的构造—沉积特征（据Gawthorpe和Leeder，2000，修改）

3

层学技术等关键技术研究（贾承造等，2004，2007，2008）；精细实施二次三维地震勘探、精细开展油田地质研究、精细选择钻井方式等"六精细"的勘探方法（周海民，2003；刘宝和，2005）；从思维创新、加强地震资料品质、发展主导技术等方面深化油气勘探（孟卫工，2005）；饶阳凹陷二次勘探关键工程技术和勘探方法以及勘探成效等（赵贤正等，2015）。

多年的勘探开发实践证明，陆相箕状断陷盆地缓坡带是当前中国油气增储上产的核心构造部位之一，其原因有三：（1）缓坡带是发育岩性地层圈闭非常有利的地区；（2）缓坡带内沉积体分布面积较大；（3）缓坡带中储层物性比较好并临近烃源岩。当然，不同断陷湖盆的缓坡带构造和地貌特征有所差异，其沉积体系分布模式与主控因素研究是进行沉积相带预测、储层物性评价、岩性—地层圈闭成因分析的核心基础。

渤海湾盆地是在中—新元古界、古生界地台型沉积盖层基础上叠置发育的中—新生代拉张型陆相沉积盆地（赵贤正等，2015）。虽然现今渤海湾盆地勘探程度相对较高，但油气资源评价显示，其剩余资源主要分布于富油凹陷中，勘探潜力依然很大，预测未来探明石油地质储量可达 $50 \times 10^8 t$（袁选俊和谯汉生，2002）。渤海湾盆地虽然已经进入高勘探程度阶段，但是不同勘探区带、层系和领域之间仍存在明显的不均衡性，较为突出的为地层、岩性油藏勘探程度低，洼槽带和负向区勘探程度低（赵贤正等，2015）。因此，基于断陷盆地研究进展新理论，结合中国陆相断陷湖盆勘探形势，以渤海湾盆地饶阳凹陷为典型解剖，开展断陷盆地缓坡带油气勘探开发综合评价，可为进一步油气勘探提供新领域。

蠡县斜坡带处于冀中坳陷高阳低凸起的东翼，是饶阳凹陷的西斜坡带，呈西抬东倾、北东走向，为典型的半地堑型断陷盆地缓坡带。其南段以高阳—西柳鼻状构造带左翼为界，西部以高阳断层为界，东部大致到各鼻状构造带的倾没端，主要继承性发育在古高阳背斜东翼斜坡上，基底起伏平缓，无明显坡折。蠡县斜坡南段位于河北省高阳县邢南乡一带，构造上处于冀中坳陷饶阳凹陷中北部，1975 年首钻高 2 井在沙河街组一段下亚段发现油气显示；同年钻探高 3 井并于 1977 年试油，在沙河街组一段 2386.12~2409.4m 井段获日产油 5.4t、水 125m³，首次在高阳地区发现高阳油藏，至 1991 年发现高 29 油藏（高阳油田）。目前，蠡县斜坡南段发现有古近系东营组和沙河街组（Ed、$Es_2{}^\text{上}$、$Es_1{}^\text{下}$ 和 Es_{2+3}）等 4 个含油层段、5 个断块 7 个区块，含油面积 $14.06km^2$，地质储量 $1345.29 \times 10^4 t$，可采储量 $580.79 \times 10^4 t$。

饶阳凹陷蠡县斜坡南段发育沙河街组二段上亚段、一段下亚段两套含油层系，以沙河街组二段上亚段最为富集，具有储层物性好、地层能量充足、产量高的特点。油气聚集除了受低幅构造控制之外，更多地表现为岩性、构造双重控制，该区以河流/三角洲沉积为主，砂体规模变化大，同一时期的砂体在平面上表现为多套油水系统，成藏模式相对复杂，近年来未获大的突破。开展构造演化、沉积演化、储层地质和成藏特征研究有利于明确岩性圈闭的成藏规律。因此，本书拟通过古近系层序地层格架、沉积体系及沉积微相研究，建立高阳油田沉积相模式，确定有利沉积相带类型及分布；应用地震多参数反演与储层预测，精细标定储层，精细刻画主要目的层和有利储层空间分布；结合油气预测技术和地震沉积学开展隐蔽油气藏类型及分布规律研究，明确隐蔽油气藏类型及分布；综合评价储层预测结果，综合油气勘探目标优选，提出该区成藏模式，预测有利钻探目标，为实现规模增储和整体建产提供地质依据。

第二章 区域地质背景

饶阳凹陷蠡县斜坡为渤海湾盆地大型富油气斜坡之一，位于冀中坳陷饶阳凹陷西部，北起雁翎潜山构造带，南至深泽低凸起，西到高阳断层，东到任丘—肃宁—大王庄潜山构造带，斜坡东西宽 20~30km，南北长约 80km，面积约 2000km² （图 2-1）。研究区位于蠡县斜坡中南段，面积约 500km²。

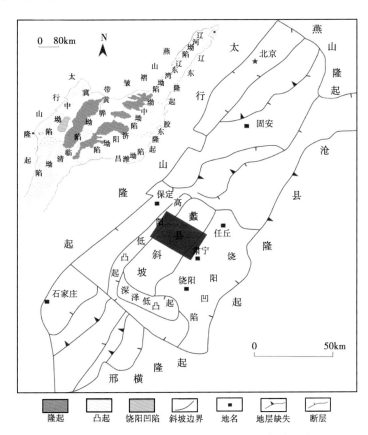

图 2-1 饶阳凹陷蠡县斜坡构造区划图（红框为研究区）

第一节 构造地质特征

饶阳凹陷蠡县斜坡是在高阳古背斜东翼之上发育的古近纪继承性沉积斜坡，基底由雾迷山组组成，基底构造走向北东，呈东倾。古近—新近系在此基础之上逐步发展起来，并继承了基底构造的走向和倾向，形成了一个较典型的宽缓斜坡。地层产状宽缓，原始坡降极小，一般为1~3m/km，现今呈西抬东倾、北东走向的结构特征。

在古近系沉积以前，饶阳凹陷是一个以震旦系为主体的大型古隆起，基底地层主要是中—新元古界和下古生界海相碳酸盐岩，其中心部位位于高阳以东、河间以西，向北一直延伸至霸县凹陷。古近纪饶阳凹陷在基底古隆起上发生以断陷为主的构造活动，边界主断裂控制了饶阳凹陷古近系的沉积。古近纪是饶阳凹陷发育和形成的主要时期，古近系自东而西超覆减薄或尖灭，从而形成了北北东走向、东断西超的箕状断陷构造格局。

一、古近纪构造演化特征

饶阳凹陷蠡县斜坡古近纪断裂活动呈现三个活动阶段。早期断裂发育于始新世末至渐新世初，控制了基底及古近系沙河街组四段、三段的构造形态；晚期断层活动始于渐新世末—上新世初，影响和控制了蠡县斜坡古近系沙河街组三段以上的构造格局和构造形态。

蠡县斜坡构造演化大概可以分为三个阶段（图2-2）。

燕山运动末期的引张力造成了蠡县斜坡南部高阳断层和大百尺等张性断层的形成，切割了古生界的基底，同时盆缘断层的活动，造成了蠡县斜坡南部微弱的翘倾，出现了斜坡的特征。由于沙河街组三段沉积中、后期处于断陷末期，构造运动减弱，使得这些基底的古断层在沙河街组三段沉积后期停止活动，但古地形仍对后期沙河街组二段的沉积产生一定的影响。

虽然任西断层持续活动，但其影响在南部极其有限，故南部的断层在沙河街组三段沉积末期和沙河街组一段沉积期等构造活动较弱时期停止活动，孔店组、沙河街组四段和三段沉积厚度达数千米，古地形上的低洼地带已被填平。该时期斜坡平缓，缺少明显地形起伏，继续稳定沉降接受沉积。在东营组沉积末期区域抬升作用增强，喜马拉雅运动Ⅱ幕开始，构造的幕式运动导致高阳、大百尺等古断层的活化，同时也产生了一些断距不大的小断层。

新近纪馆陶组沉积末期和明化镇组沉积初期是饶阳凹陷的整体坳陷沉降期，构造活动较弱，前期活动的断层停滞。明化镇组沉积末期开始了华北最近的一次构造运动，即喜马拉雅运动Ⅲ幕，造成断层在原有的基础上再度活动。构造运动在全新世末基本定型，形成了蠡县斜坡南部现今的形态。

二、次级构造单元分布特征

饶阳凹陷蠡县斜坡从北而南发育五个东倾的北西走向鼻状构造，整体形成一个沟梁相间的构造特征，北部坡度较陡，中南部坡度较缓，南北差异明显。

从北而南发育的七个鼻状构造依次是出岸鼻状构造、同口鼻状构造、西柳鼻状构造、高阳鼻状构造、大百尺鼻状构造、赵皇庄鼻状构造和蠡县鼻状构造。平面上南部的高阳鼻状构造、大百尺鼻状构造和蠡县鼻状构造规模大，延伸60~80km；北部的同口鼻状构造、西柳鼻状构造规模变小，延伸5~10km（图2-3）。

从平面断裂特征看，以高阳鼻状构造为界，体现出南北分区、东西分带的构造特征（图2-3、图2-4）。

北区为构造沉积斜坡，断裂明显发育，但断层断距较小、延伸短，规模较小。北区断裂可分为三组：Ⅰ组断裂为北东走向，与斜坡走向一致，主要发育在斜坡外带和靠近洼槽带，斜坡中带相对不发育；Ⅱ组断裂走向近东西向，斜坡中带发育，与北东向断层呈锐角相交，构成许多断块圈闭；Ⅲ组断裂走向为北西向，与北东向断层呈钝角相交，断层数量较少，多为隐伏断层，这些断层对圈闭的形成意义较大，几乎每个断层都能形成一个构造圈闭。

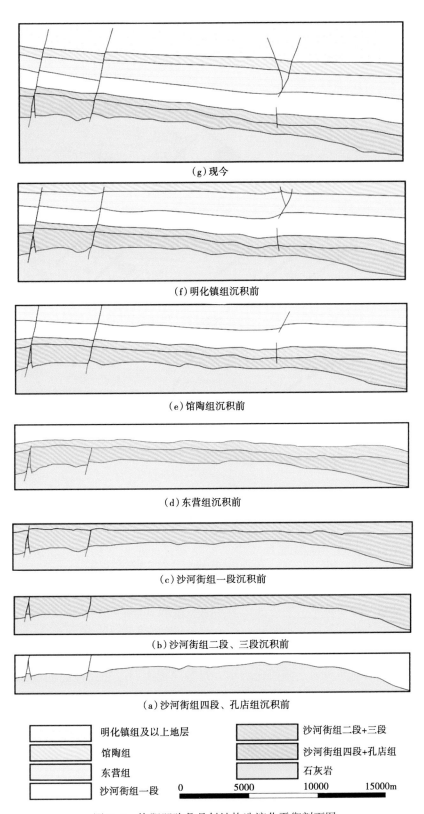

（g）现今

（f）明化镇组沉积前

（e）馆陶组沉积前

（d）东营组沉积前

（c）沙河街组一段沉积前

（b）沙河街组二段、三段沉积前

（a）沙河街组四段、孔店组沉积前

	明化镇组及以上地层		沙河街组二段+三段
	馆陶组		沙河街组四段+孔店组
	东营组		石灰岩
	沙河街组一段		

0   5000   10000   15000m

图 2-2 饶阳凹陷蠡县斜坡构造演化平衡剖面图

7

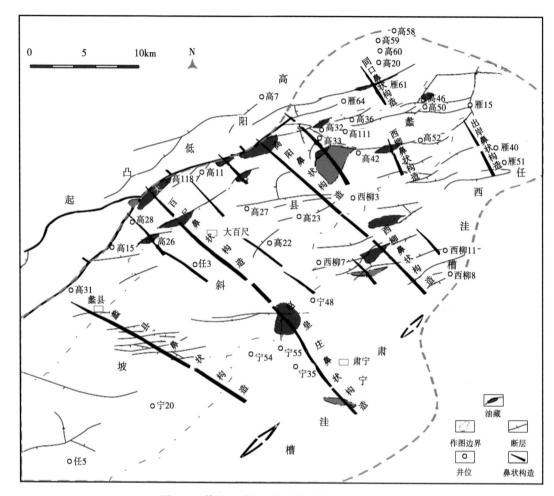

图 2-3　饶阳凹陷蠡县斜坡鼻状构造平面分布图

南区发育单斜型斜坡，断裂发育较少，主要发育北东走向的高阳断层、大百尺断层（图 2-4）。

北西延伸的鼻状构造与北东走向的断层相匹配，是形成构造圈闭最有利的区域，但因断距较小、延伸短、规模较小，形成的构造圈闭规模小。

纵向上根据断层的发育特征将断裂划分为三类。

早盛早衰性断层：燕山期（新近系沉积前）已开始活动，但后期活动终止。一般只在基底地层内发育，以北西向和北西西向为主，对沙河街组一段和三段的油气成藏不起控制作用。

继承性活动断层：燕山期（新近系沉积前）已开始活动，后期仍继承性活动的断层。该类断层对局部地层的沉积演化具有明显的控制作用，受其影响下降盘往往形成局部负向地貌，接受沿断层走向发育的河流沉积，形成岩性上倾尖灭。同时这些继承性活动断层一般是有利圈闭的主控断层，控制上升盘断鼻圈闭的形成，对油气成藏具有控制作用。

晚盛晚衰性断层：只在沙河街组一段以上地层发育，未断至沙河街组一段下亚段。该类断层数量多、规模小，走向为北东或北东东，延伸距离短。

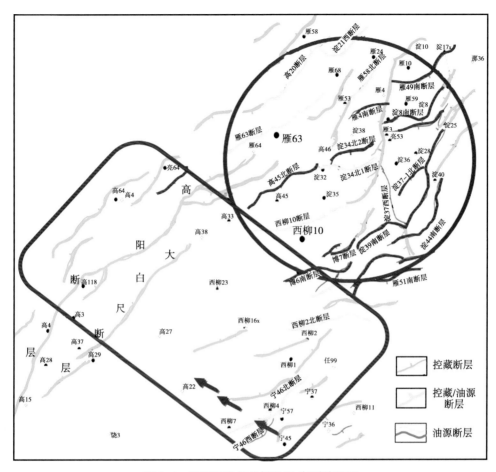

图 2-4　饶阳凹陷蠡县斜坡 T_4 断裂特征图

早期断裂以北西向为主，形成垒堑相间的构造格局，晚期断裂以北东向断层为主，由于晚期断层的切割，与北西向不规则低幅鼻状构造相配合，形成了饶阳凹陷蠡县斜坡北东向断裂带与北西向鼻状构造相叠置的基本构造形态（图 2-3、图 2-4）。

第二节　地层充填特征

饶阳凹陷蠡县斜坡新生界自下而上分为古近系的孔店组、沙河街组和东营组，新近系的馆陶组和明化镇组，第四系的平原组（表 2-1）。研究区古近系发育不完整，缺少下始新统孔店组，自下而上发育：（1）沙河街组四段，发育于断陷分割充填早期，为相对粗粒的冲积扇沉积；（2）沙河街组三段，发育于断陷扩张深陷期，下部发育辫状河三角洲沉积，上部发育湖泊沉积；（3）沙河街组二段，发育于湖盆断陷抬升晚期，由早期的辫状河三角洲向上过渡为三角洲前缘沉积；（4）沙河街组一段，下亚段发育于湖盆断坳扩展期，快速水进背景下由三角洲前缘向上过渡为滨浅湖滩坝沉积，向上进入断坳回返消亡早期，形成上亚段厚层辫状河三角洲沉积；（5）东营组，发育于断坳回返消亡晚期，由早期辫状河三角洲向上过渡为滨浅湖沉积，顶部发育河流沉积体系（表 2-1）。具体地层特征如下。

表 2-1　饶阳凹陷新生界层序表（据杜金虎等，2002）

地 层				代号	地震层序	厚度（m）	岩性简述
界	系	统	组	段/亚段			
新生界	新近系		第四系	平原组	Qp		200~450	未成岩的黄色黏土质粉、细砂，底部发育冲积砂砾层
		上新统	明化镇组		Nm		400~1000	下部为棕红色泥岩；上部为浅灰色砂岩与紫红色泥岩互层
		中新统	馆陶组		Ng	T₂	0~650	灰色砂岩、杂色砂砾岩夹紫红色泥岩
	古近系	上渐新统	东营组	一段	Ed₁		39~350	浅灰色砂岩与紫红色泥岩互层
				二段	Ed₂		200~950	灰色、灰绿色含螺泥岩夹薄层粉砂岩
				三段	Ed₃	T₃	200~700	紫红色泥岩及灰色砂岩夹灰色泥岩
		下渐新统	沙河街组	一段	Es₁	T₄	55~1600	下部主要为灰色泥岩夹油页岩、页岩、薄层生物灰岩和白云岩，上部为灰色、深灰色泥岩夹少量砂岩
				二段	Es₂	T₅	80~300	浅灰色、灰绿色砂泥岩夹紫红色泥岩，中部以紫红色泥岩为主，夹浅灰色砂岩，局部发育膏岩
		上始新统		三段 上亚段	Es₃上		300~500	灰色、绿灰色泥岩与灰绿色粉、细砂岩互层，局部含火山岩
				三段 中亚段	Es₃中	T₆	300~900	浅灰色、灰色砂岩夹泥岩
				四段 上亚段	Es₄上		200~420	灰色、灰绿色、棕褐色泥岩、泥灰岩夹砂岩，局部夹石膏
				四段 中—下亚段	Es₄中-下		260~600	深灰色、紫红色、棕红色、棕黑色泥岩与灰白色、棕红色砂岩、粉砂岩互层，局部含白云岩与石膏
		下始新统	孔店组		Ek		20~1200	杂色砾岩、砂砾岩及红色砂质泥岩层，灰色泥岩夹浅灰色膏泥岩、泥灰岩

一、孔店组

孔店组视厚度为 22~1200m，形成于盆地断陷分割充填早期，可容空间最小，岩性主要为杂色砾岩、砂砾岩及红色砂质泥岩，少见灰色泥岩夹浅灰色膏泥岩、泥灰岩。与上覆沙河街组四段和下伏不同年代地层分别为平行不整合、角度不整合接触关系。

二、沙河街组四段

沙河街组四段视厚度为 600~1000m，形成于盆地断陷分割充填早期，可容空间较小。具有下粗（块状砂砾岩夹紫红色、灰色泥岩、火山岩）、上细（大段灰色泥岩夹褐色泥岩及砂岩）的两个三级正旋回和两个储层发育带。与上覆沙河街组三段岩性突变，二者在局部区域为角度不整合接触关系。

三、沙河街组三段

沙河街组三段中—下亚段视厚度为 600~1100m，形成于盆地断陷扩张深陷期，可容空间最大。下部为一套稳定的深灰色、黑灰色泥岩、页岩较深湖沉积，上部形成下粗（砂砾岩与灰色泥页岩）、上细（灰色泥岩、页岩）的两个正旋回层、两个储层集中带、两个含油气层和五个密集段、一套主力烃源层和一套次要烃源层。沙河街组三段中—下亚段厚度较薄，沉积厚度由保北洼槽向雁岭潜山减薄，以至缺失；沉积水体变浅，以滨浅湖亚相为主，与上覆沙河街组三段上亚段呈低角度不整合接触关系。

沙河街组三段上亚段视厚度为300~500m，形成于断陷抬升期。自下而上为辫状河三角洲粗碎屑岩夹灰色泥岩、红色泥岩演化为滨浅湖亚相灰色泥岩，构成了一套下粗上细的水进沉积旋回。该套地层具有南薄北厚、南红北灰的特征。以"泥岩脖子"标志段与上覆沙河街组二段"底砾岩"标志层，即地震反射标志层 T_5 构造层为界，二者为角度不整合接触关系。

四、沙河街组二段

沙河街组二段视厚度为80~300m，最厚可达700m，形成于干热条件下和湖盆断陷抬升晚期阶段，可容空间急剧减小。自下而上发育河流粗碎屑岩夹红色泥岩，水进条件下的浅灰色、绿灰色泥岩（局部膏泥岩）和红色泥岩，构成下粗上细的正旋回。顶部以膏泥岩、红泥岩与沙河街组一段底砾岩分界，二者地震反射层对应 T_4 层，并为区域超覆不整合接触关系。

五、沙河街组一段

沙河街组一段视厚度为260~700m，最厚可达800m。依据岩性组合和生物地层特征划分为两个亚段。沙河街组一段下亚段视厚度为60~300m，最大厚度为500m，形成于湖盆演化阶段的断坳扩展沉积期，接受了厚度不大、水进体系域下的滨浅湖亚相粗碎屑岩和灰色泥岩、油页岩、生物灰岩及砂岩沉积。沙河街组一段上亚段沉积湖域面积缩小，发育一套厚200~400m的高位体系域辫状河三角洲粗碎屑岩夹碳质泥岩，顶部为水进体系域下的灰色泥岩，属中部地区良好的储层发育段和含油气层。与上覆东营组为角度不整合接触。

六、东营组

东营组视厚度为400~800m，最厚可达1700m，形成于断坳回返消亡晚期，可容空间继续减小。自下而上为辫状河三角洲粗碎屑岩夹红色、灰绿色泥岩，湖沼、滨浅湖亚相浅灰色、紫红色、灰绿色泥岩、含螺泥岩和河流砂砾岩夹红色泥岩，构成了一套粗—细—粗的复合沉积旋回。与上覆馆陶组为区域不整合接触。

七、馆陶组

馆陶组厚度为295~458m。岩性为棕红色、灰绿色泥岩与灰白色砾状砂岩、灰绿色细砂岩、粉砂岩不等厚互层，与下伏地层呈不整合接触。

八、明化镇组

明化镇组厚度为350~470m。岩性为棕红色、灰色泥岩与灰白色砾状砂岩、灰黄色粉细砂岩不等厚互层，与下伏馆陶组呈整合接触。

九、平原组

平原组厚度为270~320m。岩性为紫红色黏土夹粉砂岩，底部为砾状砂岩，与下伏地层呈不整合接触。

第三节　沙河街组沉积演化特征

饶阳凹陷蠡县斜坡古近纪沉积演化受断裂构造和古地貌影响，东部任西断裂在沙河街组三段上亚段至沙河街组一段沉积期为持续活动性断层，但在断层的北段和南段对蠡县斜坡具有不同的沉积影响。北部断层活动强度大，潜山和基底断层明显，发育断裂坡折，地层掀斜程度高，相对陡窄。南部断层活动较弱，构造简单，古地貌相对宽缓。

沙河街组三段沉积时期，蠡县斜坡构造活动相对强烈，地震剖面上存在较明显的地层超覆、前积等反射现象。斜坡北部迅速沉降，可容空间快速增加，湖平面上升较快，表现为低位体系域和湖侵体系域发育时间短，高位体系域发育时间较长，发育辫状河三角洲以及湖底扇沉积。南部断裂活动相对较弱，构造沉降作用不如北部剧烈和迅速，可容空间增加速率缓慢，发育辫状河三角洲沉积。

沙河街组二段沉积时期，蠡县斜坡发生整体抬升剥蚀，风化夷平作用使地形平缓，无明显地形坡折，构造活动影响较弱，发育向盆地迅速推进的浅水三角洲沉积，地震反射以低角度叠瓦状前积反射为特征。

沙河街组一段沉积时期，蠡县斜坡整体缓慢沉降，地形平缓，构造作用较弱。南部主要物源延伸距离长、覆盖面积广，而北部次要物源仅对斜坡北段同口、博士庄等地区产生影响。斜坡北部沙河街组一段下亚段沉积早期，湖平面缓慢上升并达到最大，物源供给较弱，发育一套厚度较大的油页岩，为区域性的烃源层和盖层。沙河街组一段上亚段沉积时期可容空间缓慢减小，发育三角洲前缘沉积，以泥岩为主，砂岩沉积厚度薄。斜坡南部沙河街组一段层序充填特征整体和北部具有相似性，所不同的是由于斜坡南部物源供给要远强于北部，沙河街组一段下亚段发育一套厚度较薄的砂岩与生物灰岩或砂岩与泥灰岩交替发育的特殊岩性段。沙河街组一段上亚段沉积时期物源供给更加充足，发育三角洲前缘沉积，以大规模前积体为主，砂体厚度大，泥岩厚度薄。

第四节　油藏分布特征

饶阳凹陷蠡县斜坡已探明雁翎、刘李庄、高阳、西柳等 4 个油田、37 个区块，地质储量 $10993.75 \times 10^4 t$。探明古近系东营组，沙河街组一段、二段、三段、四段+孔店组和蓟县系雾迷山组等六套含油层系，其中沙河街组二段、三段为主力层系，基本形成了具有不同储层、不同油藏类型和不同含油层系叠置的、满坡含油的规模场面。

饶阳凹陷蠡县斜坡已探明油藏主要沿北东东向断层形成的鼻状构造分布，由北东向南西含油层系逐渐上移，含油层减少。其中蓟县系雾迷山组油藏仅在斜坡北端的雁翎油田发育，沙河街组四段+孔店组油藏主要位于北部的刘李庄油田。

沙河街组三段油藏集中分布在斜坡带内，侧生旁储，整体表现为"北富南贫"特征。斜坡北部沙河街组三段紧邻生油洼槽，砂体展布方向与油气运移方向一致，输导条件好，形成了侧生旁储的岩性油藏富集区。高阳油田北部、刘李庄油田、雁翎油田均有发育。南部储层展布与构造走向一致，岩性圈闭不发育，距油源较远，油气运移方向与砂体展布方向不一致，输导条件差，沙河街组三段油藏仅在西柳油田出现，高阳油田不发育。

沙河街组二段油藏集中分布在蠡县斜坡带与斜坡内带，上生下储，整体表现为"满坡含油"特征。沙河街组一段下亚段油页岩直接覆盖在沙河街组二段顶部砂岩之上，具有就近排烃的优势。沙河街组二段砂体平面上分布稳定，油气可向斜坡外带远距离运移，形成满坡含油。在雁翎、刘李庄、高阳、西柳油田均发育沙河街组二段油藏，多为岩性—构造油藏。

沙河街组一段油藏主要集中在蠡县斜坡外带，沿断层、鼻梁聚集分布在高阳油田。东营组油藏主要分布在高阳油田南部。

第三章　层序地层格架

层序地层学理论是在地震地层学研究基础上发展起来的，最早的层序地层格架及模式起源于被动大陆边缘盆地海相层序地层研究。经过 30 多年的长足发展，层序地层学理论和方法体系不断完善充实，建立了不同沉积盆地层序地层模式，有效指导了海相和陆相沉积盆地油气高效勘探开发。

第一节　层序地层研究

20 世纪 80 年代层序地层学理论和方法被引入中国，在中国地质学者的努力下，层序地层学在中国油气勘探开发中取得了丰硕的成果。同时，中国专家学者在层序地层学研究应用过程中，认识到起源于被动大陆边缘海相盆地的层序地层学理论、方法和模式在陆相沉积盆地应用中存在较大差异性，这是因为陆相湖盆无论是在构造、沉积样式，还是在油气聚集及运移等方面，均与海相盆地存在不同。陆相层序地层发育具有：（1）构造运动控制盆地的性质、规模、形态和沉积旋回；（2）多物源、近物源、堆积快、相带窄的沉积特点；（3）沉积水体浅、水流作用弱，气候、水文条件显著影响沉积作用过程；（4）不同盆地发育阶段沉积充填过程不同，影响层序发育特征；（5）不同类型盆地沉积主控因素各不相同等特点。因此，对陆相湖盆层序地层的划分、对比以及等时地层格架与层序模式的建立，需要从陆相盆地地质特征出发，提出新的研究思路和更为精细有效的研究方法。

在层序地层格架的建立方面，目前中国石油地质界广泛接受并运用的多是以美国 EXXON 公司 Vail 等为代表的、以地震地层学为基础、以海平面升降为主控因素的经典层序地层学理论及分析方法。以三级层序，即以不整合面或与其可对比的整合面为界的、相对整合的、彼此成因上有联系的一套地层为基本研究对象。因而特别强调不整合面在层序划分中的作用。在层序地层构成分析中也多参照在海相被动大陆边缘建立的低位体系域、海进体系域、高位体系域三分的地层模式（纪友亮等，1996；魏魁生，徐怀大等，1997；朱筱敏，1998；姜在兴，2000；冯友良，2000）。在不整合发育的盆地区域地层格架的建立中，Vail 等的层序地层学理论与研究方法有其显著的适用性和可操作性，其层序地层模式也有可对比性，但在以快速沉降和快速充填、高垂向加积速率为特征的陆相断陷盆地，以及以河流相为主的湖盆演化阶段，不能完全套用 Vail 等的层序地层模式来建立层序地层格架，而需要根据沉积盆地类型、地层发育特征，建立层序地层格架，建立适合该盆地的层序发育模式、层序结构和地层组合（纪友亮，1996）。

总之，在开展陆相断陷湖盆高精度层序地层学研究时，要充分考虑相关地质特点，主要表现在：（1）不同于被动大陆边缘，多数陆相湖盆面积较小、基底沉降快，沉积作用以垂向加积为主（特别是盆地的陡坡带），加之可容空间的变化主要受幕式构造运动控制，初始湖泛面没有严格的识别标准和难以识别，水进体系域与低位体系域界限的确定较为困难。（2）在不整合、地层不整一现象不明显（或者资料难以分辨可能存在的不整合面）的地层中，很难用地震反射终止关系确定层序界面。如饶阳凹陷沙河街组三段沉积时期处于盆地快速沉降时期，不考虑压实作用的最大垂向沉积速率超过350mm/ka，连续沉积成为盆地沉积作用的主要特点，而地层不整合面仅在局部地区发育，完全按地震反射终止关系划分层序难以达到较高精度要求。（3）由于海/陆相沉积盆地之间沉积条件的巨大差异，建立的陆相盆地层序地层模式必须要反映陆相盆地的地质特点。陆相盆地层序地层的构成并不一定符合三分体系域的模式，因为体系域的构成取决于盆地的构造背景、层序的成因类型和沉积环境等。

随着陆相盆地油气勘探和研究的需要，等时地层格架的构建越来越精细，研究目的层更加趋向于连续沉积的地层。不整合面作为等时地层格架建立的基础，以及三分体系域的层序结构在高频层序（或高分辨率层序）的研究领域常常会遇到一些理论和技术方面无法解决的问题：Van Wagoner 等（1990）认为只有在形成陆上不整合时，三级和四级海平面旋回才会形成层序，即三级和四级层序，否则形成准层序组和准层序。在多级层序框架下，陆相盆地的沉降、充填速率随着时间推移迅速变化，盆地不同演化阶段形成的高级别层序的垂向对比常常失去标准，很明显，准层序与层序的内部地层结构不存在可比性。

在细分地层的情况下，通常不发育不整合面，难以通过不整合面来识别高频层序。在建立高频层序格架过程中，层序界面通常表现为整合的、代表着沉积环境发生重要变化的界面。在多数情况下，限于资料精度和分析手段，高频层序难以划分为三分体系域，因此，可将 Vail 的经典层序地层学理论与 Cross 高分辨率层序地层学理论方法相结合，综合建立高精度层序地层格架。

根据饶阳凹陷蠡县斜坡古近纪沉积特点，以 Vail 的经典层序地层学理论为指导，充分考虑不同级别层序的基本沉积特征（表3-1），运用饶阳凹陷蠡县斜坡南部地区 30 口井岩心资料、80 余口测井数据，通过地震合成记录、连井对比和三维工区地震资料综合研究，搭建了饶阳凹陷蠡县斜坡古近系沉积层序地层格架（图3-1）。

表 3-1　陆相盆地层序划分级别和沉积特征表

层序级别	二级层序	三级层序	准层序组	准层序
层序边界	不整合面分布在凹陷边缘，占盆很大面积	不整合面分布在凹陷内局部地区	主要湖泛面和主要湖泛面之间	湖泛面与湖泛面之间
成因	构造、气候变化引起的湖平面升降	构造成因及气候变化引起湖平面升降	构造、气候、湖平面、物源变化	气候、湖平面变化及物源因素
沉积旋回	区域性沉积旋回	盆地内沉积旋回	岩性组旋回	岩性旋回
地层界限比较	相当于统或更小的地层单位	相当于组或更小的地层单位	相当于一组地层叠置方式	相当于一个沉积旋回
时间（Ma）	30~40	2~5	0.1~0.4	0.02~0.04
厚度范围	几米至数千米	几米至上千米	几米至数百米	几米至上百米
横向分布	100 至数万平方千米	100 至数万平方千米	几十至几千平方千米	几十至几千平方千米

陆相盆地层序地层学研究一般遵循如下步骤：

（1）熟悉盆地地质背景，特别是盆地类型、结构及构造演化历史；

（2）利用高品质的地震资料搭建区域等时地层格架，从整体上把握层序的发育特征；

（3）利用钻测井资料对层序、体系域、准层序组、准层序进行分析，建立地层构型，把握层序内部特征，通过 VSP 资料或合成地震记录，建立地震、钻测井以及露头资料层序划分的统一关系，保证各种资料层序划分的一致性；

（4）利用地震资料平面属性分析，如层序时频特征或地层切片，确定盆地演化规律及层序发育周期；

（5）通过恢复古地貌，分析湖平面升降变化、构造沉降速率以及古气候和古水深演化，建立层序演化与构造沉降、湖平面升降、古气候等周期旋回变化的对应关系，探讨控制陆相盆地层序地层构型的主要地质因素；

（6）根据研究需要，选取对应的层序或相关体系域为作图单元，确定层序或体系域内地层展布，沉积相类型及砂体展布特征；

（7）建立等时层序地层与生储盖配置、油气成藏、岩性地层圈闭发育之间的关系，进行石油地质综合评价，进而指导陆相湖盆油气勘探。

通过分析地震资料、测井资料、测井曲线的旋回性等，结合饶阳凹陷古近系沉积序列和构造演化特征，并考虑勘探程度、实际生产的有效性，将饶阳凹陷蠡县斜坡沙河街组三段至一段划分为 6 个三级层序，分别对应沙河街组一段上亚段、沙河街组一段下亚段、沙河街组二段、沙河街组三段上亚段、沙河街组三段中亚段、沙河街组三段下亚段。重点层位沙河街组一段和沙河街组二段上亚段进一步划分出 3 个四级层序，共对应 6 个砂组（图 3-1）。

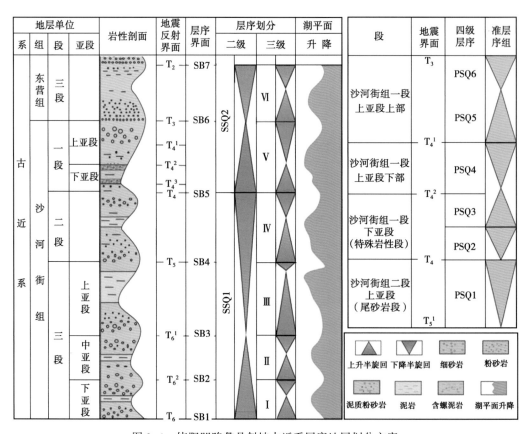

图 3-1　饶阳凹陷蠡县斜坡古近系层序地层划分方案

16

第二节 层序界面识别

层序界面的识别是建立层序地层格架的关键，其识别主要依据构造活动及其演化、古生物组合及其变化、岩心和地球物理等方面的突变特征作为划分标志。这些识别标志以地震反射界面标志、沉积岩相标志和测井相标志最为可靠和最具可操作性，也是进行陆相断陷盆地层序识别和层序划分的主要标志（表 3-2）。

表 3-2 常见层序界面识别的主要标志

资料类别	层序界面识别的主要标志
地震资料	地震反射终止关系——削截、顶超、上超和下超；地震反射波组的产状；地震反射波组的能量动力学特征；不同的地震反射旋回特点
构造资料	构造运动界面；盆地充填演化转换面（大面积侵蚀不整合界面、超覆界面）
古生物资料	特征古生物的断带；特征古生物组合类型和含量的突变
岩心资料	颜色和岩性突变界面；底砾岩；湖泛滞留沉积；古土壤层或根土层；沉积旋回类型的转化界面；深水沉积相突变上覆浅水沉积相；沉积相突变；油页岩层；有机质类型和含量的突变；地球化学指标的突变
测井资料	自然伽马测井曲线突变界面；深浅电阻率测井的突然增大或降低；声波测井的突变界面

一、地震识别标志

层序界面是不整合面及其与之相对应的整合面。地震资料能够很好地识别层序界面。在地震剖面上，主要依据地震反射同相轴的终止关系来确定层序界面。饶阳凹陷蠡县斜坡古近系指示层序边界的反射终止关系主要有上超、下超、削截等类型，其中上超和削截特征较为明显。沙河街组一段上亚段底界面为局部不整合，界面之上为上超。东营组三段顶界面为削截地震反射特征（图 3-2）。

二、测井识别标志

由于地震分辨率和地震资料品质的影响，在地震剖面上难以识别次一级的层序界面，而测井资料在纵向上具有分辨率高的独特优势。因此，进行关键井测井层序划分是四级层序地层研究的重要组成部分。主要依据测井资料识别四级层序界面。

电测曲线上曲线形态的某种韵律性叠加和有规律的变化反映了沉积物岩性和沉积旋回的垂向变化，往往代表着多种级别的层序分界面。自然伽马（GR）曲线在层序界面附近往往会有着比较明显的电测曲线拐点。如高 108 井在界面 D 处测井曲线形态存在明显突变，其界面之上的层序 SQV2 下部自然伽马曲线呈中低幅指状，界面之下的层序 SQV1 上部为指状箱形（图 3-3）。

实际上，测井曲线形态及其组合是岩性及其组合的响应，测井曲线突变界面及岩性分界面往往指示沉积环境的突变。如高 108 井层序 SQV5 与层序 SQV6 的分界面（图 3-3）之上主要为紫红色泥岩，之下主要发育浅灰色砂岩。

相对于钻井资料来说，地震资料垂向分辨率不高，在识别三级以下层序界面的时候就显得精度不够，加之研究区地层平缓，反射终止关系有时不太明显，因而必须借助测井和

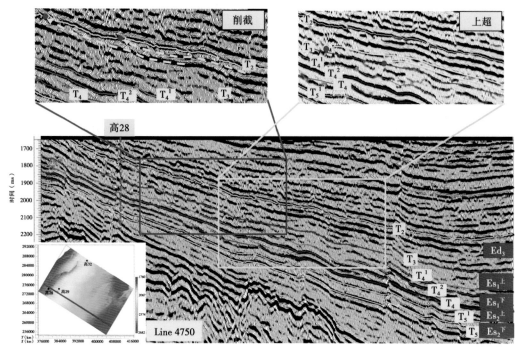

图 3-2　饶阳凹陷蠡县斜坡沙河街组三级层序边界地震反射特征

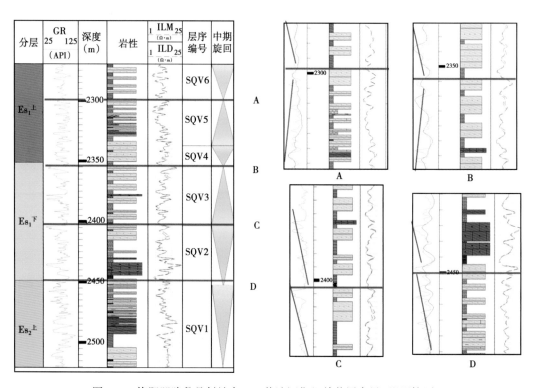

图 3-3　饶阳凹陷蠡县斜坡高 108 井沙河街组单井层序界面识别标志

岩心等资料来进行更加精细的层序研究。一般先选取重点井进行单井层序分析，利用合成地震记录进行时深转换，建立正确的井震关系，保证地震层序和钻测井层序的一致性，最终通过对可控制全区的连井剖面层序分析搭建全区的层序地层格架。

在对各井声波测井资料进行处理后，使用 Landmark 工作站选取井旁道子波制作了工区内 80 口井的合成地震记录用于层位标定（图 3-4）。层位标定时充分利用研究区内标准反射层，T_2 标志层对应东营组一段顶界，是一个岩性突变面，T_4 标志层对应沙河街组一段底界特殊岩性段，在地震剖面上均表现为强振幅连续单轴反射，全区稳定分布。另外，东营组三段底界 T_3 和沙河街组二段底界 T_5 等标志层在研究区也稳定分布、易于追踪。通过 80 口井的合成地震记录，建立了钻井层序和地震层序划分之间的一致性关系。

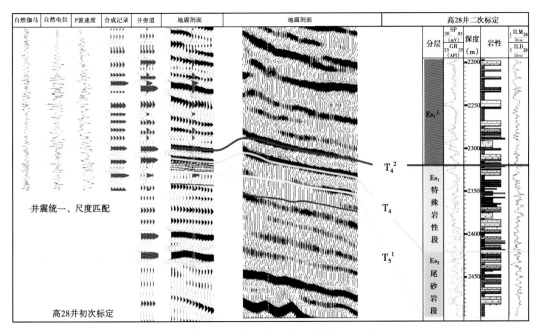

图 3-4　饶阳凹陷蠡县斜坡高 28 井合成地震记录

第三节　层序地层格架建立

建立等时层序地层格架是开展沉积地质学、地震沉积学和预测薄层有利储层的基础。层序地层格架的建立是根据露头、钻井、测井、地震和古生物等资料相关特征识别层序地层界面。在饶阳凹陷蠡县斜坡沙河街组层序地层学研究中，对 30 口井进行层序划分，并建立近东西方向 4 条、北西方向 5 条，共 9 条层序剖面（图 3-5）。

一、单井层序地层划分

搭建全区层序地层格架和进行沉积相研究的基础是精细的单井层序地层分析，依据上述层序界面特征的划分准则，优选研究区内地层发育全、井资料丰富的高 28 等井进行单井层序地层研究（图 3-6）。

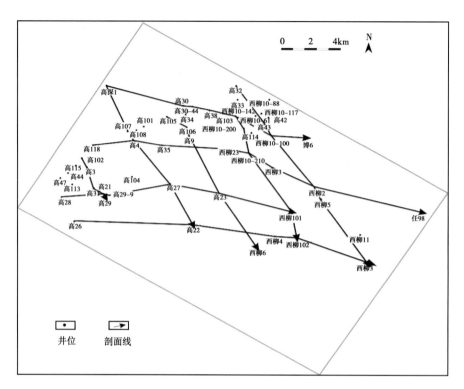

图 3-5　饶阳凹陷蠡县斜坡南部连井地层层序格架位置

高 28 井位于研究区东部，目的层段为沙河街组一段至二段 2195～2498m，是研究区少数资料齐全、连续取心长的井。沙河街组一段和二段共发育 2 个三级层序，其内可细分出 6 个中期半旋回。

沙河街组一段上亚段：发育三级层序湖退体系域，以进积式准层序组—加积式准层序组为主，发育三个中期半旋回。

沙河街组一段下亚段：发育三级层序湖进体系域，整体以退积式准层序组为主，特殊岩性段发育两个中期半旋回。

沙河街组二段上亚段：尾砂岩段早期发育进积式准层序组，后期发育加积式—退积式准层序组，对应一个中期半旋回（图 3-6）。

二、连井层序地层对比

根据饶阳凹陷蠡县斜坡沙河街组地震反射特征及单井层序地层综合分析，建立了研究区 30 余口单井的层序地层格架，绘制了 9 张层序地层对比剖面，以进一步了解层序叠加特征及地层厚度变化。其中，选择垂直于主物源方向的高 105—高 23 井北西向剖面（图 3-7）、近东西向平行于主物源方向的高 28—西柳 101 井剖面（图 3-8）以及近东西向斜交于次要物源方向的高深 1—高 103 井剖面（图 3-9）开展典型研究。由于沙河街组一段是主要富砂组段，层序研究工作主要集中在沙河街组一段。

1. 高 105—高 23 井层序对比剖面

高 105—高 23 井层序剖面是一条斜交于主物源的连井剖面（图 3-7），自北西向南东依次过高 105 井、高 106 井、高 9 井、高 23 井。综合过井地震层序解释，认为在斜坡中部层

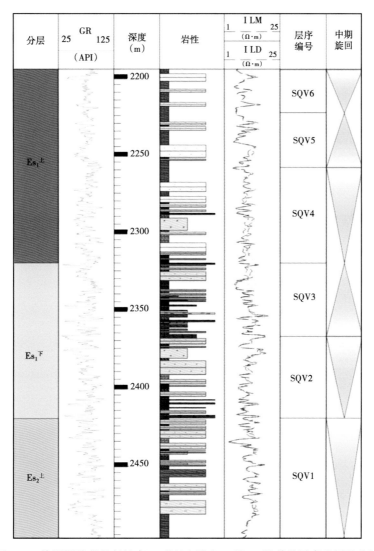

图 3-6　饶阳凹陷蠡县斜坡高 28 井沙河街组一段/二段单井层序地层学分析

序发育较为完整，其沙河街组一段、二段沉积砂组厚度为 40～80m，除去同沉积断层的影响，地层厚度横向变化较小。

2. 高 28—西柳 101 井层序对比剖面

高 28—西柳 101 井层序剖面是一条平行于主物源的连井剖面（图 3-8），从西向东过高 28 井、高 21 井、高 29-9 井、高 27 井、高 23 井、西柳 101 井等六口井（从斜坡上部至斜坡下部）。连井剖面中沙河街组一段层序发育较完整，发育坡折带型层序。坡折带从 T₄ 界面（尾砂岩段顶）开始活动，坡折带上部地层厚度相对较薄，下部地层较厚，沙河街组一段低位体系域主要发育在坡折带下部。

3. 高深 1—高 103 井层序对比剖面

高深 1—高 103 井层序剖面是一条斜交于次要物源的连井剖面（图 3-9），自西向东依次过高深 1 井、高 30 井、高 30-44 井、高 38 井、高 103 井，沙河街组一段/二段的砂地比减小，垂向上砂体集中于沙河街组二段上亚段层砂岩段和沙河街组一段上亚段。

21

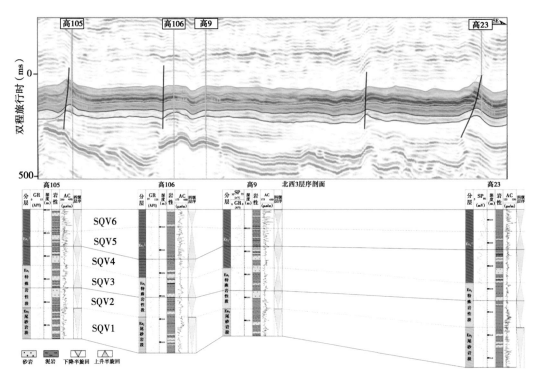

图 3-7　饶阳凹陷蠡县斜坡高 105—高 23 井过井地震剖面及连井层序剖面

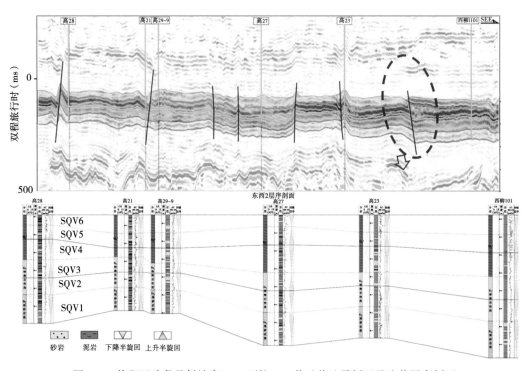

图 3-8　饶阳凹陷蠡县斜坡高 28—西柳 101 井过井地震剖面及连井层序剖面

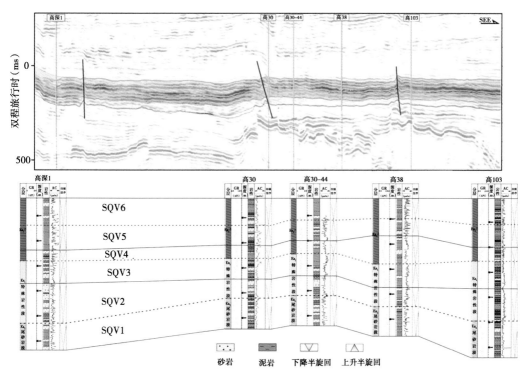

图 3-9　饶阳凹陷蠡县斜坡高深 1—高 103 井过井地震剖面及连井层序剖面

三、层序地层展布特征

基于井标定下地震层序界面的追踪识别，在饶阳凹陷蠡县斜坡追踪识别出四个四级层序界面（体系域界面），包括沙河街组一段顶界、沙河街组一段上亚段底界、沙河街组一段下亚段底界、沙河街组二段上亚段底界，其限定了沙河街组一段三级层序中的湖侵体系域、湖退体系域，以及沙河街组二段湖退体系域。下面阐述各个层序不同体系域的平面分布特征和演化规律。

沙河街组二段上亚段对应沙河街组二段层序湖退体系域，发育一套较稳定的砂岩，又称为尾砂岩段，整体来看，蠡县斜坡此时已形成大型宽缓斜坡（图 3-10）。沙河街组二段层序湖退体系域沉积厚度相对较大，厚度范围介于 45~155m 之间，主体厚度约 105m，整体呈现西北薄东南厚的特征。研究区东南部任西断裂带断层活动性较强，控制了局部层序地层的增厚。该阶段沉积中心位于研究区东南部，地层厚度最大，最厚可达 200m。层序厚度特征同时指示沉积物源来自研究区西北部，由西北部向东南部逐渐增厚。该阶段全区发育三角洲平原亚相，岩性序列多为棕红色泥岩夹薄层砂岩（图 3-10）。

沙河街组一段下亚段对应沙河街组一段层序湖侵体系域，沉积厚度相对沙河街组二段湖退体系域较薄，整体仍呈现西北薄东南厚的特征，厚度范围介于 30~145m 之间，主体厚度约 85m。此时高阳断层基本停止活动，不再控制沉积分布体系。研究区东南部任西断裂带活动仍然较强，体现在研究区东北部地层厚度沿断层垂向变化较大。该阶段沉积中心位于研究区东部偏北，地层厚度最大可达 135m。层序厚度特征同时指示沉积物源来自研究区西部，全区发育三角洲平原—前缘沉积，岩性序列多为灰绿色泥岩夹中厚层砂岩（图 3-11）。

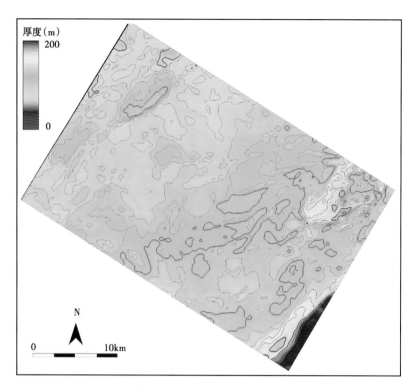

图 3-10　饶阳凹陷蠡县斜坡沙河街组二段湖退体系域（沙河街组二段上亚段）厚度等值线图

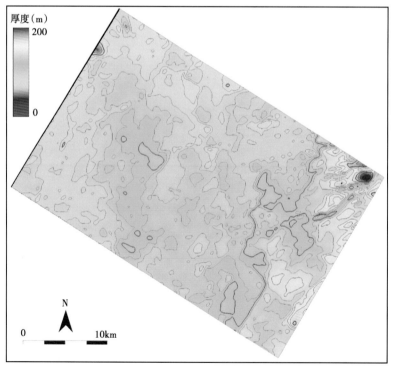

图 3-11　饶阳凹陷蠡县斜坡沙河街组一段湖侵体系域（沙河街组一段下亚段）厚度等值线图

沙河街组一段上亚段对应沙河街组一段层序湖退体系域，沉积厚度相对较小，整体呈现西北薄东南厚的特征，厚度范围介于 20~140m 之间，主体厚度约 80m。该阶段断层整体活动性较弱，未见明显的沿断层倾向厚度增加特征（图 3-12）。地层厚度图显示沉积物源主体来自西南方向，自西南向东北方向逐渐增厚。该阶段沉积中心位于研究区东南部，地层厚度最大，平均可达 120m。由此可知，自沙河街组二段至沙河街组一段，沉积物源由西北向转为西南向，体现了斜坡供源水系的兴衰过程。自沙河街组二段湖退体系域至沙河街组一段湖退体系域，东北部沉积中心逐渐消亡，东南部沉积中心继承性发育。该阶段全区发育三角洲平原亚相，岩性序列多为棕红色泥岩夹薄层砂岩（图 3-12）。

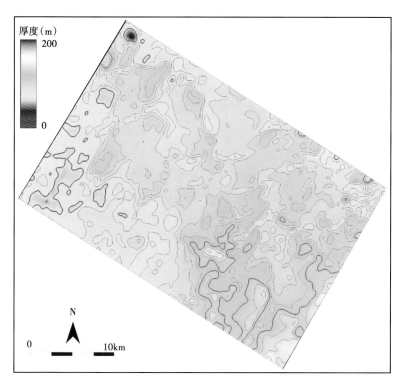

图 3-12　饶阳凹陷蠡县斜坡沙河街组一段湖退体系域（沙河街组一段上亚段）厚度等值线图

第四章 沉积物源分析

"系统论"这一数学理论最早由 L. Von. Bertalanffy 提出，其定义为"有联系的物质和过程的集合"，主要研究系统内诸元素开放性、关联性、动态平衡性及时序性等特征。"源—汇"理论（Source to Sink）作为地学界的系统论，旨在将沉积物源区与沉积物分布体系通过沉积物搬运过程联系在一起，作为完整的系统进行研究。源—汇系统研究为从源到汇多要素、多变量的综合分析，其要素主要包括：单（多）沉积物源区在构造、气候、事件剥蚀等作用下发生机械—化学风化作用，形成成分、粒度、数量不同的沉积碎屑，通过多种搬运方式（水流、风力、重力等），以不同的速度、搬运通道、路径及周期向沉积卸载区汇聚，最终形成特征迥异的沉积物分布体系。

近年来，多名学者通过沉积特征、古地貌、岩性、主微量元素、锆石 U—Pb 定年等物源分析方法对渤海湾盆地不同构造背景下的物源体系开展了研究，取得了较好的成果。其中，通过布格重力异常、古地貌、地球化学特征等宏观区分歧口凹陷古近系扇三角洲沉积体系物源区和沉积区（吕琳等，2012）；基于地震资料，通过古沟谷识别、古地貌恢复、地震多属性特征等对渤中凹陷西斜坡东营组扇三角洲和辫状河三角洲开展物源研究（朱红涛等，2013）；基于钻井岩心、三维地震及锆石定年资料，精细刻画沙垒田凸起前古近系基岩分布并讨论古近系早期近源扇体的源—汇体系配置关系（刘强虎等，2016）。上述研究通过古地貌、地震反射充填特征等有效地刻画了沉积物搬运通道，进而研究了物源及沉积体系配置关系，但对于宽缓地貌、相对远源的沉积区，由于古地貌及地震反射充填特征不能刻画明显的古物源通道，需借助其他物源研究方法为沉积盆地提供源区定量示踪。本书基于三维高精度地震、岩石薄片、锆石 U—Pb 定年等资料，对饶阳凹陷蠡县斜坡古近系开展古地貌恢复、岩石特征分析、古水系重建、锆石 U—Pb 定年等研究，旨在揭示古近系蠡县斜坡物源区基岩组成、母岩供源量、物源体系分布等特征，同时探索断陷湖盆缓坡带物源体系/沉积体系研究方法。

第一节 物源研究方法

沉积物源分析是沉积地质学研究的热点问题，其包括古侵蚀区的判别、古地貌特征的重塑、古河流体系的再现、物源区母岩性质和分布、气候以及沉积盆地构造背景的确定等（赵红格和刘池洋，2003；杨仁超等，2012）。同时物源分析是源—汇系统分析的重要内容之一。物源分析方法众多，常见的有沉积学方法、岩石学方法、重矿物方法、元素地球化学方法、地质年代学方法、地球物理学方法、黏土矿物学方法、化石及生物标志化合物方法等（杨仁超等，2012）。

一、沉积学方法

传统沉积学方法对沉积物源研究有直观、积极的指示作用。自母岩剥蚀区至沉积区，随着机械分异作用的进行，沉积物粒度逐渐减小。因此，通过沉积物粒度变化特征可指示沉积物搬运方向，大体指明沉积物源的源头方向和搬运方向。同时，由于沉积物向可容空间高的区域运移，在地层厚度上沿沉积物源方向地层厚度变大（薛云韬等，2009）。同样，受控于机械分异作用，砂质沉积物和黏土质沉积物在搬运过程中由于沉积水动力逐渐减弱，沉积卸载速率不同，造成砂岩先于泥岩卸载，因此通过砂地比等值线图可判断沉积物源方向。古流向测量为沉积古水流方向提供了直观的证据，但由于露头的局限性，古流向玫瑰花图也具有一定的局限性和不确定性（胡宗全等，2001；姜在兴等，2005；邓宏文等，2008）。另外，根据泥岩颜色的指相意义，能大致判断出古湖岸线的展布特征，也能够为沉积物搬运及注入提供较好的指示。

二、岩石学方法

母岩的陆源碎屑组合特征可以解释物源区母岩类型，尤其是砂砾岩中砾石的成分可以反映基底和物源区母岩的成分，也反映磨蚀的程度、气候条件以及构造背景（杨仁超等，2012）。砂岩是碎屑岩中的一种主要岩石类型，其碎屑组分与物源区具有密不可分的关系，其不仅可以反映母岩的类型，还可以显示相应的大地构造背景。砂岩碎屑组分分析方法分为单碎屑分析和多碎屑分析（林孝先，2011）。

1. 单碎屑分析

单碎屑分析通常分析岩石类型、石英特征和长石特征三个方面。根据岩屑类型及岩屑含量在平面上的分布特征可推断母岩岩性和可能的位置；可根据石英颗粒的形态、消光、包裹体等特征确定母岩类型；也可根据长石类型和颗粒形态来分析物源组成等。

2. 多碎屑分析

多碎屑分析可以判断物源区母岩类型和相应的构造背景，其中最经典的方法是 Dickinson 三角图解法，利用 Q—F—L、Qm—F—Lt、Qt—F—L 判别图解可以判断物源区构造背景（Dickinson 和 Snyder，1979；Dickinson 等，1983；Dickinson，1985）。

3. 阴极发光分析

来自不同成因碎屑岩中的石英、长石和岩屑具有不同的发光特征，因此对沉积岩中主要矿物阴极发光特征的研究有助于分析物源区属性。石英的阴极发光特征较为明显，不同地质体、时代和产状的石英发光性有很大差别（Zinkernagel，1978）。因此，碎屑岩中石英颗粒的阴极发光特征可用来判断沉积区碎屑物质的来源。

三、重矿物分析

重矿物是指存在于陆源碎屑岩中、密度大于 $2.86g/cm^3$、含量少的透明和非透明矿物，它们主要集中分布于细砂岩、粉砂岩中，其含量一般不超过 1%。重矿物的种类很多，根据重矿物的抗风化稳定性，可将其分为稳定重矿物和不稳定重矿物两类。前者抗风化能力强，分布广泛，在远离母岩区的沉积岩中其含量相对增高；后者抗风化能力弱，分布不广，离母岩越远，其相对含量越少。砂岩中的重矿物主要有辉石、角闪石、绿帘石、十字石、石榴子石、尖晶石、独居石、锆石、磷灰石、金红石、榍石、橄榄石等（表4-1）。重矿物因其耐磨蚀、稳定性强，能够较多地保留母岩的特征，在物源分析中占有重要地位（姜亭等，2012；林孝先等，2011）。物源分析可用砂岩的重矿物组合、ATi（磷灰石/电气石）—RZi（TiO$_2$矿物/锆石）—MZi（独居石/锆石）—CZi（铬尖晶石/锆石）等重矿物特征指数，以及锆石—电气石—金红石指数（ZTR 指数）来指示物源（Morton 等，2005；Li 等，2000）。

重矿物分析主要是进行重矿物组合分析以及重矿物特征指数分析。利用重矿物组合的稳定性、空间分布等特征，可以判断物源区的母岩类型和构造背景，推测沉积物的搬运距离，确定物源方向。矿物之间具有严格的共生关系，不同的重矿物组合指示了不同的母岩类型（表 4-2）（朱筱敏，2008）。通过重矿物组合分析，有助于进一步判断物源方向。

表 4-1 常见重矿物类型表（据朱筱敏，2008）

稳定重矿物	石榴子石、锆石、刚玉、电气石、锡石、金红石、白钛矿、板钛矿、磁铁矿、榍石、十字石、蓝晶石、独居石
不稳定重矿物	重晶石、磷灰石、绿帘石、黝帘石、阳起石、符山石、红柱石、硅线石、黄铁矿、透闪石、普通角闪石、透辉石、普通辉石、斜方辉石、橄榄石、黑云母

表 4-2 常见重矿物组合及母岩类型（据朱筱敏，2008）

母岩	重矿物组合
酸性岩浆岩	磷灰石、角闪石、独居石、金红石、榍石、电气石（粉红色）、锆石（字形）
花岗伟晶岩	锡石、萤石、黄玉、电气石（蓝色）、黑钨矿、独居石
基性、超基性侵入岩	橄榄石、普通辉石、紫苏辉石、角闪石、磁铁矿、铬尖晶石、钛铁矿、铬铁矿、尖晶石
中基性喷出岩	辉石、角闪石、蓝铁矿、锆石、石榴子石、磷灰石
变质岩	红柱石、刚玉、蓝晶石、矽线石、十字石、黄玉、符山石、硅灰石、绿帘石、黝帘石、石榴子石、电气石、蓝闪石
沉积岩	重晶石、赤铁矿、白钛矿、金红石、电气石（磨圆的）、锆石（磨圆的）、石榴子石（圆的）

四、地球化学分析

随着分析测试方法的不断进步，物源分析从最早的定性分析向定量化方向发展。主量、微量和稀土元素及同位素分析等测试方法不但具有较便捷的操作性，而且结果直观可靠，因此已被越来越多地用于物源分析。

1. 主量元素分析

主量元素分析主要涉及 SiO_2、TiO_2、Al_2O_3、Fe_2O_3、MnO、MgO、CaO、Na_2O、K_2O、P_2O_5 等的含量分析，其主要分析方法是经典的元素图解法（方国庆，1993；杨江海等，2007；和政军等，2003；Roser 和 Korsch，1986）。Roser 等（1986）利用 SiO_2—K_2O/Na_2O 图解判断砂岩的构造背景，并针对不同时代砂岩做了验证。Roser 等（1988）总结出用来判断母岩类型的判别方程 F1—F2（Roser 和 Korsch，1988）。Bhatia（1983，1986）运用（Fe_2O_3+MgO）—SiO_2 图解及 F1—F2 判别方程判断砂岩样品构造背景。

2. 微量元素分析

国内外有很多学者根据不同岩石组合微量元素丰度具有不同配分状态和类型的特征，来确定构造背景和识别母岩类型，取得了显著成果（Blatt，1985；Mclennan，1989；Rollinson，1993；邵磊等，1999；邵磊和朱伟林，2000）。Bhatia 等（1981）提出的 Th—Co—Zr/10、Th—Sc—Zr/10、La—Th—Sc 判别图解能够直观地反映物源区的大地构造背景，得到了广泛应用。Bahatia 等（1985）还总结了各构造环境下微量元素的含量和比值的变化范围及丰度分布特征。Allegre（1978）提出的 La/Yb—REE 判别图解可用来分析母岩类型。Floyd（1987）建立的 La/Th—Hf 图解被用来判断母岩类型和构造背景。

3. 稀土元素分析

稀土元素物源分析方法主要是根据稀土元素配分模式曲线判断源和汇之间的亲缘性，也可以通过稀土元素含量和比值来反映物源构造属性（Bhatia，1985；朱志军等，2010；Gu 等，2002）。

五、地质年代学方法

利用地质年代学方法进行物源分析的大体思路是结合地质背景与构造演化对比源和汇的同位素年龄是否一致（闫义等，2003）。目前在同位素分析中常涉及的方法有 U—Pb 分析、裂变径迹分析、K—Ar 和 $^{40}Ar/^{39}Ar$ 分析、Rb—Sr 分析、Sm—Nd 分析等，其中在物源分析中以 U—Pb 分析方法应用最多（徐亚军等，2007；杨仁超等，2012）。

同位素地质年代学已经成为探索地质体时空演化及大陆动力学等问题的基础工具。同位素测年方法最常用的是副矿物 U—Pb 定年方法。锆石是自然界中广泛存在的一种副矿物，普遍存在于各种岩石中，包括沉积岩、岩浆岩和变质岩。锆石 U—Pb 年龄与其形成温度、微量元素和 Hf—O 同位素等结合，为确定地质作用的时空演化提供了重要的地球化学参数（王海然等，2013）。

同位素地质年代学方法多以火成岩中的锆石为测试对象，测定火成岩的年龄，为区域构造岩浆活动提供年代信息（马芳芳等，2012；徐学纯等，2011）。由于火成岩中耐熔的继承锆石可以保持 U—Pb 同位素体系和 REE 的封闭，从而可以包含关于深部地壳和花岗岩来源的重要信息，可用于基底性质的示踪（王海然等，2013）。沉积岩中的碎屑锆石为盆地沉积物源分析和构造划分提供了依据，且碎屑锆石为古老大陆地壳提供了证据。Wilde（2001）等给出最古老的碎屑锆石年龄为（4.408±0.008）Ga，说明 4.4Ga 之前就可能有大陆地壳和海洋的存在。碎屑沉积岩，尤其粗粒碎屑沉积是对源区物质的有效平均，碎屑沉积岩所含的锆石可能具有不同年龄和来自不同地质单元，因此测定一定数量的单个锆石晶体，或者至少测定晶形、颜色相同的同一类型锆石，才能得出具有地质意义的年代资料。碎屑锆石的年龄谱系和群组特征给出了碎屑沉积物基本亲缘关系，从而可以建立起沉积物从源到汇的搬运过程以及搬运路径，同时能有效地示踪源区背景、性质，能获取盆地沉降与重要热构造事件之间的内在联系（王海然等，2013）。

综上所述，沉积物源研究方法多种多样且各有优势，需要有针对性地选择适合研究区的物源研究方法。选择不同的沉积学物源指示方法，需依据实际资料进行。如果钻井资料充足，可选择地层厚度等值线图和砂地比等值线图指示物源方向；野外露头多可采用古流向测量方法；粒度分析资料覆盖范围广，可采用粒度分析指示沉积物搬运方向；岩心描述相对充足，则采用泥岩颜色指相意义进行物源研究；可采用碎屑锆石 U—Pb 定年方法揭示不同基岩类型对沉积区物源通量的贡献。

第二节 古水系特征

古水系作为沉积碎屑搬运的主要介质，决定了沉积物的搬运通量和搬运方向。古水系的重建需基于古构造特征、古水流方向、古河道砂砾岩相的分析。由于资料受限制，难以开展太行山及山前区域古水系相关研究。因此，仅开展古构造演化与现今水系特征及其对比研究。

考虑到饶阳凹陷蠡县斜坡古近纪的古地貌、古水系与现今地貌、水系有一定继承性或相关性，因此开展现今水系研究，有利于更好地进行古水系的重建。饶阳凹陷现代水系起源于太行山东麓地区的唐河、大沙河、磁河、滹沱河等 4 条主水系，河流上游受限于山间地形，整体向东东南方向延伸，进入平原地区后，沿高阳低凸起南段断裂带，河流转向北北东方向，与蠡县斜坡走向维持一致。饶阳凹陷西部保定凹陷具有早盛早衰的构造特征，在古近纪中晚期逐渐抬升与蠡县斜坡连为一体；沙河街组三段—二段沉积时期由于保定—石家庄断裂活动导致高阳低凸起形成并阻碍蠡县斜坡西侧古唐河水系，该阶段沉积物主体由大沙河、磁河、滹沱河从西南方向输入斜坡；沙河街组二段沉积时期高阳凸起消亡，古唐河水系跨过高阳凸起直接向蠡县斜坡供源，西南方向水系继承性发育。由华北山地古近—新近纪水系图可知（图 4-1），古滹龙河上游不发育古磁河，仅发育古大沙河水系，且古近纪以来饶阳凹陷均一沉降，古唐河与古大沙河仅发生迁移摆动，与现今水系特征差异不大。

结合研究区岩石学特征及古水系研究，认为沙河街组二段沉积时期，古唐河水系自西向东由高 108 井区进入研究区，古大沙河水系由西南方向自西柳 7 井区进入研究区，两水

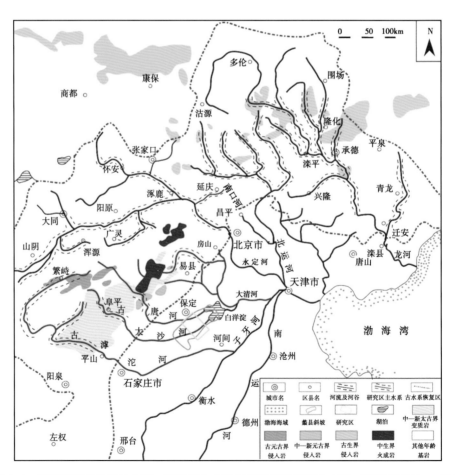

图 4-1 饶阳凹陷蠡县斜坡古近—新近纪古水系与周缘基岩类型分布图（底图据吴忱，1996；
基岩分布图据马丽芳，2002；据陈贺贺等，2015，修改）

系物源在高 22—西柳 3 井区一线交会。

第三节 古地貌及地震反射特征

基于高精度三维地震资料，进行古地貌的三维可视化显示，识别出正向古地貌单元（古凸起、古隆起）和负向古地貌单元（古沟谷、河道），进而明确指示剥蚀地貌和沉积地貌宏观分布及内在联系。受研究区方位和资料限制，蠡县斜坡古近纪发育相对远源沉积体系，古地貌无法刻画沉积物源输入位置及搬运通量，仅能指示物源大致走向。

研究区沙河街组不同层段等 T_0 图显示（图 4-2），自沙河街组二段下亚段至东营组三段，四个层段等 T_0 图均呈现西高东低的特征，黄—绿色表示现今埋藏相对浅的位置，蓝—绿色为埋藏相对深的位置，且在研究区东南方向发育一个主沉降中心，纵向上该沉降中心向上沉降量逐渐减小；研究区东北部发育次级沉降中心，其沉降量相对东南部主沉降中心较小。

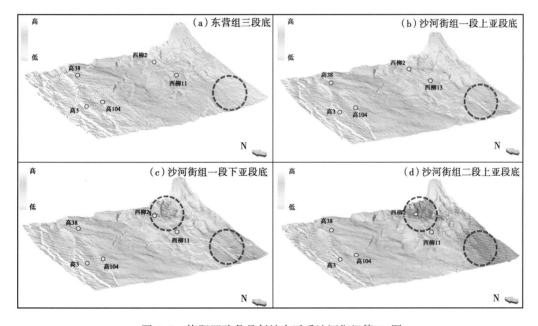

图 4-2 饶阳凹陷蠡县斜坡古近系沙河街组等 T_0 图

沙河街组二段沉积时，斜坡区未发生剥蚀作用，构造稳定且均一沉降，因此，应用沉降回剥法，通过压实校正和古水深校正，恢复沙河街组一段沉积初期古地貌（图 4-3）。古地貌特征显示，研究区沙河街组一段古地貌平坦（古地貌东北部凸起为任丘潜山），未见明显的古沟谷，整体呈现西高东低的特征，研究区北段相对南段地形稍陡。地震反射结构能有效地指示沉积物源方向，三角洲前缘沉积在地震剖面上呈现前积反射构型，其方向代表了沉积物向湖盆推进的方向，如由 AA′ 与 BB′ 地震剖面可见沙河街组一段发育明显的低角度叠瓦状前积构型（图 4-3）。

由上述分析可知，研究区沙河街组二段/一段沉积时期，古地貌呈宽缓形态，为相对浅水的沉积环境；地震前积反射指示研究区可能发育西南向、西向、西北向物源。

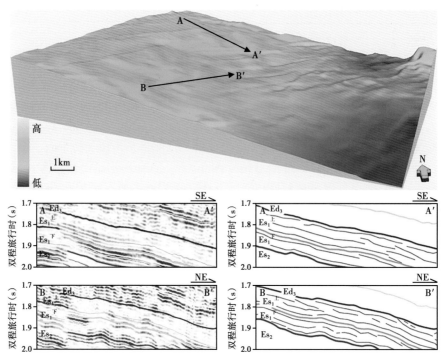

图 4-3 饶阳凹陷蠡县斜坡古地貌及地震前积反射特征（据陈贺贺等，2015，修改）

第四节 岩石学特征

物源区母岩岩性及沉积物搬运距离的差异，导致沉积区岩石学特征不同。基于研究区32 口井沙河街组二段岩石薄片及重矿物分析数据，通过岩石成分成熟度、岩屑组合特征、重矿物组合及 ZTR 指数综合刻画沉积物源方向。

一、成分成熟度及岩屑组合特征

饶阳凹陷蠡县斜坡沙河街组二段岩石碎屑组成：石英含量为 37%～63%（平均为49.3%），长石含量为 26%～51%（平均为 39%），岩屑含量为 6%～20%（平均为 11.6%）。根据岩石成分成熟度平面分布特征，可将蠡县斜坡分为 I 区和 II 区（图 4-4a），其中，I区成分成熟度数值沿南西—北东方向增加，指示沉积物搬运距离增加；II 区成分成熟度数值沿北西—南东方向增加，其分布范围相对较小，两分区成分成熟度在高 22—西柳 3 井附近突变。研究区火成岩岩屑含量整体较高，反映沉积物源区存在火成岩母岩。依据变质岩与沉积岩岩屑含量，可划分出三个不同岩屑组合分区（图 4-4b），其中，研究区西北部为岩浆岩岩屑区，西部为岩浆岩+沉积岩岩屑区，东南部为岩浆岩+变质岩+沉积岩岩屑区，部分异常数据点可能受到分支物源水系的影响。

二、重矿物组合及 ZTR 指数

饶阳凹陷蠡县斜坡沙河街组二段上亚段重矿物组分以石榴子石、磁铁矿、锆石、电气石、白钛石、金红石和绿帘石为主，平均占重矿物总量的 91.3%，其中，石榴子石含量最高，平均约占 63.9%，锆石含量平均约占 10.6%，磁铁矿含量平均约占 10%。由 ZTR 指数

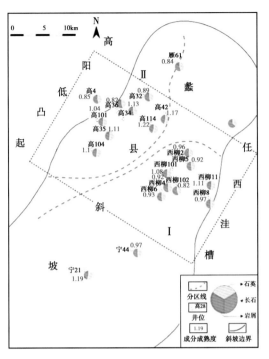

（a）成分成熟度分区图

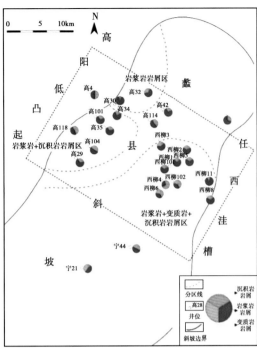

（b）岩屑组合分区图

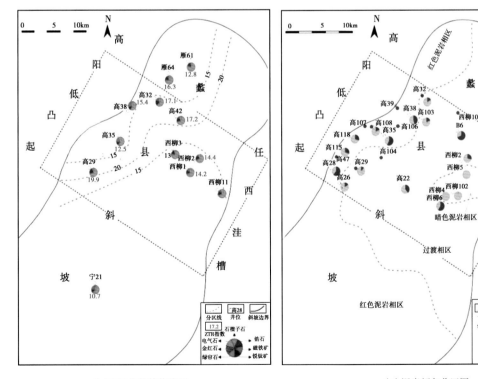

（c）ZTR指数等值线图

（d）泥岩颜色分区图

图 4-4　饶阳凹陷蠡县斜坡沙河街组二段岩石学物源指向特征（据陈贺贺等，2015，修改）

等值线可知（图 4-4c），研究区西南部发育石榴子石+锆石组合，且沿南西—北东方向 ZTR 指数增大；研究区西北部发育石榴子石+磁铁矿+锆石组合，沿北西—南东方向 ZTR 指数增大；两组合相区在研究区东部交会。相对高含量的石榴子石多指示沉积物源区变质岩系母岩较发育，西南部石榴子石+锆石的重矿物组合反映母岩区以变质岩及沉积岩为主，西北部石榴子石+磁铁矿+锆石的重矿物组合反映母岩区以结晶片岩及岩浆岩为主。

三、泥岩颜色特征

沉积岩的原生沉积颜色是分析古气候、古环境和古地理条件的重要依据。饶阳凹陷蠡县斜坡沙河街组二段不同颜色泥岩厚度统计分析表明（图 4-4d），研究区泥岩整体以还原色为主，自西向东、南西向北东，还原色泥岩比例增高。

由上述岩石学特征分析可知，研究区发育西南部、西北部两个沉积物源，其中，西南部物源以发育变质岩及沉积岩岩屑为特征，西北部物源母岩区以结晶片岩及岩浆岩岩屑为特征，两物源交会区大致位于高 22—西柳 3 井一线。

第五节　碎屑锆石物源示踪

锆石颗粒因其结晶形态、环带特征、组成成分及年龄分布等信息能有效指示沉积物源区基岩性质及构造背景，被广泛应用于盆地及其周缘区域构造演化历史的研究。

共采集饶阳凹陷蠡县斜坡 9 口井沙河街组一段砂岩样品，锆石 U—Pb 稳定放射性同位素分析在中国地质大学（武汉）地质过程与矿产资源国家重点实验室完成，实验采用激光剥蚀电感耦合等离子质谱仪（LA-ICP-MS）（型号 GeoLas2005—Agilent7500a）与电子探针显微分析系统（型号 JXA-8100）进行分析，激光束斑直径为 $32\mu m$，激光剥蚀样品深度为 $20\sim40\mu m$，以 He（氦）作为剥蚀物质的载气。测试共获得 543 颗碎屑锆石 U—Pb 年龄，年龄计算以 91500 为外标标准物质，元素含量以 NIST610 为外标、^{29}Si 为内标进行计算。采用 Glitter 程序计算同位素比值和年龄误差过程中标准偏差为 1δ，筛除不谐和度超过 20% 的锆石测年点，对符合要求的 503 颗锆石年龄数据通过 Isoplot 4.15 进行处理，生成 9 张锆石 U—Pb 谐和曲线图。当锆石年龄值小于 1000Ma 时，锆石 U—Pb 年龄选取 $^{206}Pb/^{238}U$ 所对应年龄值；当年龄值大于 1000Ma 时，锆石 U—Pb 年龄选取 $^{206}Pb/^{207}Pb$ 所对应年龄值。以下分析中采用数据均为符合谐和度要求的锆石年龄数据。

一、碎屑锆石特征

饶阳凹陷蠡县斜坡沙河街组一段碎屑锆石阴极发光图像（CL）显示，研究区沙河街组一段发育岩浆锆石和变质锆石。其中，岩浆锆石呈长柱状、针状，但晶形多不完整，呈半截状或半短柱状，具有较大的长宽比；自形程度相对较高，多呈半自形—自形，具有明显振荡环带；颜色相对较浅，表明内部 U、Pb 含量较低，母岩形成年代较新（图 4-5）。变质锆石外形呈多晶面的浑圆粒状、椭圆粒状，长宽比较小；颗粒表面光洁、清晰；内部结构复杂，可见继承锆石的残留晶核，一般无分带、弱分带、云雾状分带或扇形分带；晶粒颜色相对较深，表明内部 U、Pb 含量相对较高，形成年代较老（图 4-5）。锆石 Th/U 比值一定程度上能指示锆石成因，通常岩浆锆石 Th/U 大于 0.4，变质锆石 Th/U 小于 0.1，由 Th/U 散点图可知研究区主体岩浆锆石比例稍高，与锆石晶形分析结论一致（图 4-6）；由于锆石

图 4-5　饶阳凹陷蠡县斜坡高 104 井沙河街组一段锆石阴极发光图版

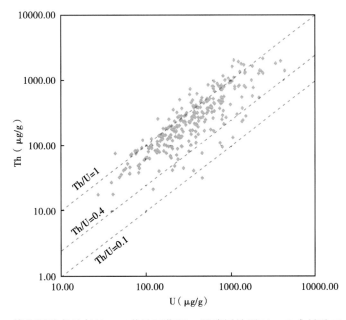

图 4-6　饶阳凹陷蠡县斜坡 9 口井沙河街组一段碎屑锆石 Th、U 含量及 Th/U 比值
（据陈贺贺等，2015，修改）

成因的复杂性，部分学者在研究中发现少数情况下 Th/U 比值不能作为判定锆石成因的唯一证据，需结合锆石晶形特征综合判断。

由饶阳凹陷蠡县斜坡沙河街组一段 543 粒锆石阴极发光图像特征、Th/U 比值分布特征可知：（1）研究区沙河街组一段物源母岩岩性以火成岩为主，火成岩占母岩比例平均约 73%；（2）岩浆锆石颗粒棱角状明显，变质锆石多呈次棱角状，表明岩浆锆石母岩区相对变质锆石母岩区距研究区相对较近。

二、碎屑锆石年龄信息

锆石定年所测得的锆石数据谐和度良好，锆石年龄点分布与谐和曲线分布一致，说明锆石形成之后在其结晶或成岩过程中 U—Pb 体系是封闭的，能够排除后期 U—Pb 丢失或加入的情况，能够较为准确地进行沉积物源区定量示踪（图 4-7）。

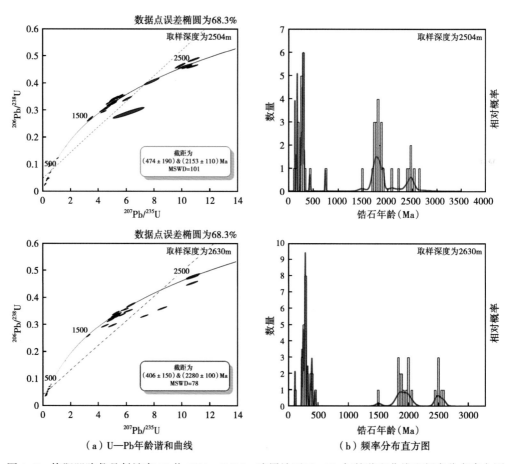

（a）U—Pb 年龄谐和曲线　　　　　　　（b）频率分布直方图

图 4-7　饶阳凹陷蠡县斜坡高 29 井 2504m/2630m 碎屑锆石 U—Pb 年龄谐和曲线和频率分布直方图

高 29 井位于研究区南部，取样深度为 2504m 和 2630m，其锆石年龄呈多峰特征，即早中生代—早古生代（110~480Ma）、中元古代—古元古代（1500~2100Ma）、古元古代—中太古代（2200~2700Ma）。主体为 110~480Ma 年龄段共 42 颗锆石，占总体的 47.2%；1500~2100Ma 年龄段 30 颗锆石，占总体的 33.7%；2200~2700Ma 年龄段 12 颗锆石，占总体的 13.5%（图 4-7）。

高 47 井在埋深 2290m 处取样，测试确定锆石年龄主体仍然表现为三个峰值特点，即早中生代—早古生代（110~480Ma）、中元古代—古元古代（1500~2100Ma）、古元古代—中太古代（2200~2700Ma）。各年龄段所占含量分别为 41.0%、31.1%、11.1%（图 4-8）。

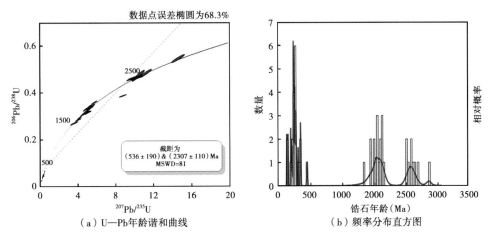

图 4-8　饶阳凹陷蠡县斜坡高 47 井 2290m 碎屑锆石 U—Pb 年龄谐和曲线和频率分布直方图

高 104 井取样深度为 2460m，锆石年龄主体表现为三个峰值特点，即早中生代—早古生代（110~480Ma）、中元古代—古元古代（1500~2100Ma）、古元古代—中太古代（2200~2700Ma）。各年龄段所占含量分别为 58.1%、30.2%、11.6%（图 4-9）。

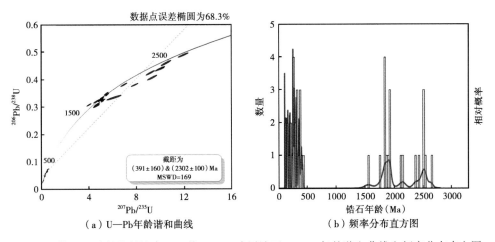

图 4-9　饶阳凹陷蠡县斜坡高 104 井 2460m 碎屑锆石 U—Pb 年龄谐和曲线和频率分布直方图

高 108 井取样深度为 2323m 和 2462m，锆石年龄表现为三个峰值特征，其主体仍为早中生代—早古生代（110~480Ma），有 24 颗锆石，占总体的 38.1%；中元古代—古元古代（1500~2100Ma），有 15 颗锆石，占总体的 24.2%；古元古代—中太古代（2200~2700Ma），有 15 颗锆石，占总体的 24.2%（图 4-10）。

高 107 井取样位于 2410m 深度处，锆石年龄主体表现为三个峰值特点，即早中生代—早古生代（110~480Ma）、中元古代—古元古代（1500~2100Ma）、古元古代—中太古代（2200~2700Ma）。各年龄段所占含量分别为 38.1%、35.7%、23.8%（图 4-11）。

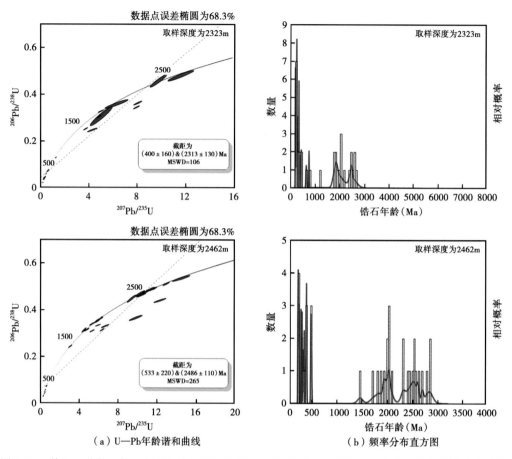

（a）U—Pb年龄谐和曲线　　　　　　　　（b）频率分布直方图

图4-10　饶阳凹陷蠡县斜坡高108井2323m/2462m碎屑锆石U—Pb年龄谐和曲线和频率分布直方图

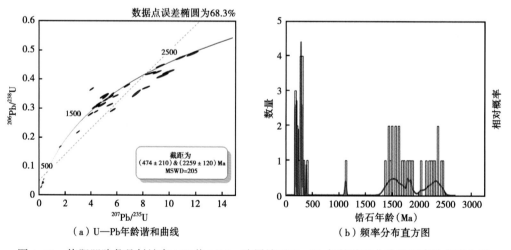

（a）U—Pb年龄谐和曲线　　　　　　　　（b）频率分布直方图

图4-11　饶阳凹陷蠡县斜坡高107井2410m碎屑锆石U—Pb年龄谐和曲线和频率分布直方图

　　高106井取样位置处于2547m，锆石年龄主体表现为三个峰值特点，即早中生代—早古生代（110～480Ma）、中元古代—古元古代（1500～2100Ma）、古元古代—中太古代（2200～2700Ma）。各年龄段所占含量分别为50.0%、36.4%、13.6%（图4-12）。

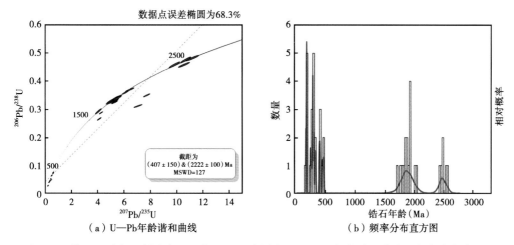

（a）U—Pb年龄谐和曲线　　　　　　　（b）频率分布直方图

图4-12　饶阳凹陷蠡县斜坡高106井2547m碎屑锆石U—Pb年龄谐和曲线和频率分布直方图

高30井取样位置分别为2540m和2562m，早中生代—早古生代（110~480Ma）共有35颗锆石，占总体的46.9%；中元古代—古元古代（1500~2100Ma）共有24颗锆石，占总体的32.1%；古元古代—中太古代（2200~2700Ma）共有12颗锆石，占总体的16.0%（图4-13）。

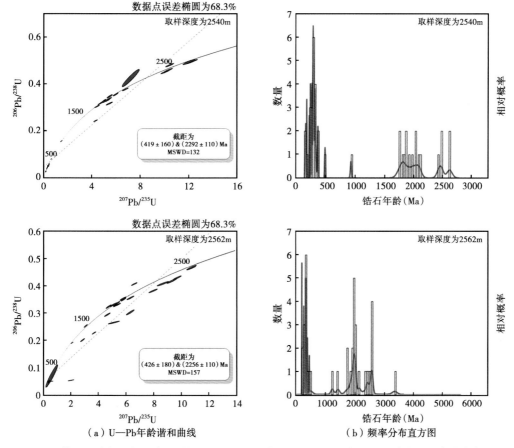

（a）U—Pb年龄谐和曲线　　　　　　　（b）频率分布直方图

图4-13　饶阳凹陷蠡县斜坡高30井2540m/2562m碎屑锆石U—Pb年龄谐和曲线和频率分布直方图

高 32 井取样位置为 2660m, 其锆石年龄表现为多峰特征, 主要为早中生代—早古生代 (110~480Ma), 锆石含量为 59.1%, 其他锆石年龄比较分散, 含量相对较少 (图 4-14)。

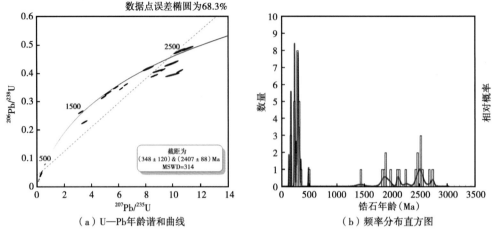

图 4-14　饶阳凹陷蠡县斜坡高 32 井 2660m 碎屑锆石 U—Pb 年龄谐和曲线和频率分布直方图

西柳 10-117 井在埋深 2980m 取样, 其锆石年龄表现为三个峰值特点, 即早中生代—早古生代 (110~480Ma) 有 21 颗锆石, 占总体的 46.7%; 中元古代—古元古代 (1500~2100Ma) 有 5 颗锆石, 占总体的 11.1%; 古元古代—中太古代 (2200~2700Ma) 有 19 颗锆石, 占总体的 42.2% (图 4-15)。

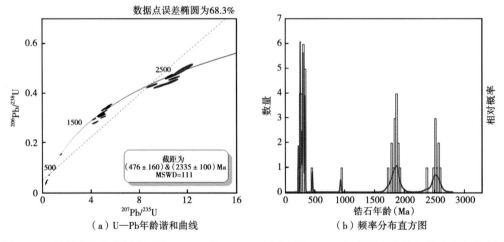

图 4-15　饶阳凹陷蠡县斜坡西柳 10-117 井 2980m 碎屑锆石 U—Pb 年龄谐和曲线和频率分布直方图

上述数据表明, 饶阳凹陷蠡县斜坡不同部位沉积物源区基岩年代组合一致, 其中, 以下中生界—下古生界母岩供源最多, 以中元古界—古元古界母岩供源中等, 以古元古界—新太古界母岩供源最少。

三、锆石年龄量化分析

基于锆石 U—Pb 定年与盆地周缘基岩年龄进行对比, 能有效获得盆地物源体系信息。

太行山地区经历多次构造活动，基底变质岩系强烈褶皱，发育多期岩浆活动（洪大卫等，2007；王霞，2012；盛肖宁，2016），其中，中太古界主体发育深变质岩系片麻岩，平面上出露于阜平地区；古元古界滹沱群主体位于五台地区滹沱河南岸，以变质岩夹中基性火成岩为主；中元古界零星发育侵入岩，主体分布于涞源以东龙门庄一带；上古生界火成岩主体出露于华北北缘和兴—蒙造山带一线；中生代差异升降导致岩浆活动强烈，发育代表性的大河南岩体、涞源杂岩体。

研究区周缘基岩类型及年代差异明显，有利于进行定量化物源示踪。沿饶阳凹陷蠡县斜坡构造走向对 9 口井沙河街组二段碎屑锆石年龄进行定量统计（图 4-16），其中，中生界、中—新元古界、中—新太古界母岩含量相对较低，平均约 15%、11%、9%，且相对含量在研究区南、北部相对较低，中部相对较高，相对含量变化规律一致，其对应基岩出露方位均为研究区西北侧，因此，推测不同年龄段母岩属于同一物源体系。

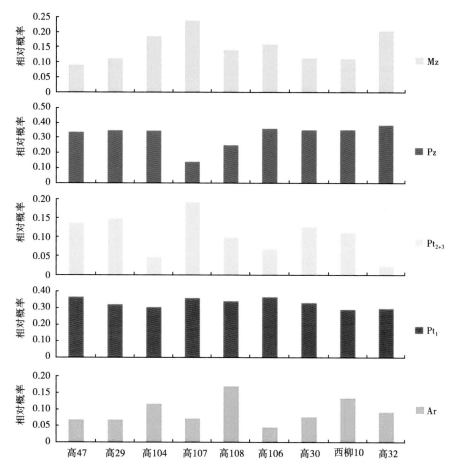

图 4-16　饶阳凹陷蠡县斜坡沙河街组二段不同井区碎屑锆石 U—Pb 年龄频率分布图

晚古生代锆石相对含量较高，平均约 32%，其年龄记录（251～354Ma）下的岩浆活动均未发现于饶阳凹陷及邻近地区，其年龄与华北陆块北缘崇礼—赤诚地区花岗岩［（254±11）～（299±3）Ma］同期（王芳等，2009；张拴宏等，2010）。晚中生代，由于西伯利亚与华北—蒙古联合板块持续性的碰撞作用，致使华北北缘及兴—蒙造山带不断抬升剥蚀，形成了相对华北克拉通内部的高地势特点（Xu 等，2013）。由于锆石 U—Pb 年龄谱反映的主体为锆石形成年龄，对于再旋回锆石年龄解释和示踪存在不足（闫义等，2003）。因此，对于晚古生代年龄段物源存在两种解释：（1）晚古生代锆石为再沉积锆石，即上古生界火成岩体在中生代华北北缘及兴—蒙造山带抬升过程中受到剥蚀，其沉积碎屑向南进入华北克拉通，形成中生界沉积岩（出露于涞源杂岩体北部），随后中生界沉积岩在古近纪再次遭受剥蚀，随水系（古大清河）搬运至研究区内；（2）晚古生代锆石未经历再旋回作用，在古近纪由古水系自北向南由华北北缘搬运至饶阳凹陷，距饶阳凹陷最近的上古生界火成岩体位于张家口地区。上述两种分析均具可行性，但笔者倾向于晚古生代锆石为再沉积锆石。

古元古界母岩在研究区相对含量较高，平均约33%，其含量在饶阳凹陷蠡县斜坡构造走向上分布稳定，该年龄段基岩出露区相对较远，推断发育较大规模物源体系，整体由西西南方向进入蠡县斜坡。

第六节　物源方向综合分析

基于上述多种物源分析结论，对饶阳凹陷蠡县斜坡河街组二段沉积物源区与物源体系取得系统认识。沙河街组二段沉积时期，蠡县斜坡为宽缓的沉积斜坡，具有西高东低的古地貌特征，自太行山区由北向南依次发育古唐河、古大沙河及古滹沱河三条主干水系，与源区匹配成多个物源体系（图4-17）。

（1）北部物源体系，源区为华北北缘及兴—蒙造山带地区上古生界火成岩，再旋回沉积于中生界的碎屑岩（推断位于涞源地区），通过由北向南的水系进入蠡县斜坡（供源水系未知）。

（2）西部物源体系，古唐河水系汇水区及流域范围内出露中生界火成岩、中—新元古界侵入岩及碎屑岩、中—新太古界变质岩，其物源量占沉积物总量的比例为15%、11%及小于9%（中—新太古代年龄段9%物源量为多水系总和），水系携带三年龄段沉积碎屑自西向东由高107—高108井附近进入斜坡。

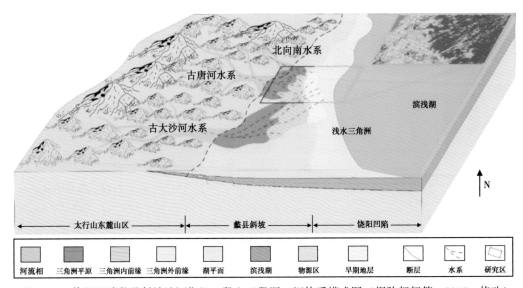

图4-17　饶阳凹陷蠡县斜坡沙河街组二段上亚段源—汇体系模式图（据陈贺贺等，2015，修改）

（3）西南物源体系，古大沙河水系汇水区及流域范围内出露古元古界变质岩及中基性火成岩、中—新太古界变质岩，其物源量占沉积物总量的比例小于33%（古元古代年龄段33%物源量为多水系总和）和小于9%，水系进入蠡县斜坡后自南西—北东向由西柳7井区附近进入研究区。滹沱河汇水区及流域范围内出露古元古界变质岩及中基性火成岩、中—新太古界变质岩、古生界沉积岩，由于古滹沱河在蠡县斜坡最南端进入斜坡，其沉积物主体沿斜坡下部发生卸载，对研究区供源相对较弱（图4-17）。

第五章　沉积类型分析

沉积相是指一定的沉积环境以及在该环境中形成的沉积物特征的综合。沉积物特征可表现为岩性的、古生物的、地球化学的和地球物理的特征。在含油气沉积盆地沉积学研究中，沉积相标志的获取和确定主要来自三个方面：地质、地震与测井资料。饶阳凹陷蠡县斜坡沙河街组发育陆相湖盆多种类型沉积体系，包括浅水三角洲、滨浅湖滩坝、湖相碳酸盐岩滩坝及半深湖—深湖沉积。本次研究共计观察关键井岩心30口、心长1066m（图5-1），主要层位为沙河街组二段上亚段和一段下亚段。

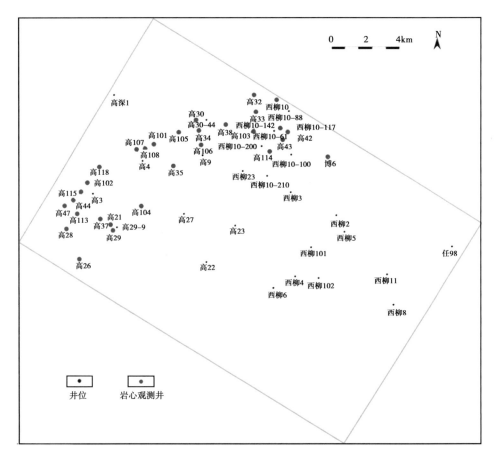

图5-1　饶阳凹陷蠡县斜坡南部岩心观察位置图

第一节　沉积相类型

沉积相是一个沉积单元中所有原生沉积特征的综合概括，它是某种特定环境下形成的三维岩体，其成因可根据外部几何形态、内部粒度韵律特征、沉积构造、颜色以及岩相组合来加以描述和确定。通过岩心相分析及测井相分析，识别出研究区沙河街组主要发育浅水三角洲相（三角洲平原、三角洲内前缘、三角洲外前缘、前三角洲）和湖相（滨浅湖和滩坝）沉积类型。

一、浅水三角洲研究进展

浅水三角洲是指在水体较浅、地形平缓环境中形成的以分流河道砂体为主体的河控三角洲（李元昊等，2009）。浅水三角洲不具备经典三角洲的三层结构，更加类似于三角洲与河流相之间的一种过渡类型（楼章华等，1998）。

大量勘探史实证明，坳陷型湖盆大面积浅水三角洲及湖盆中心砂体是岩性油气藏勘探的重要目标，是大面积低丰度岩性油气田形成的基础（邹才能等，2006）。因此，深入研究浅水三角洲的沉积特征、形成机制与沉积模式，对于中国陆相浅水湖盆岩性油气藏的勘探具有重要意义。

1. 浅水三角洲研究概况

浅水三角洲概念最早由 Fisk 在研究北美密西西比三角洲时提出（Fisk，1954）。Fisk（1954）将河控三角洲细分为深水型三角洲及浅水型三角洲两种。Postma（1990）提出将低能盆地中的三角洲分为浅水三角洲及深水三角洲两种，并将浅水三角洲细分为 8 种类型。近 30 年来，由于与浅水三角洲相关的油气田不断被发现（Reading，1996；Zelilidis 等，2002；Dela，2005），国内外沉积学界对于浅水三角洲的研究不断深入，其中国外研究主要涉及浅水三角洲微相构成、沉积特征、形成动力学与储层构型等多个方面（Lemon 和 Chan，1999；Plint，2000；John 等，2008）。

国内的浅水三角洲研究始于 20 世纪 80 年代（龚绍礼，1986）。30 多年来中国学者对不同盆地的浅水三角洲进行了包括发育背景、沉积特征、现代沉积、野外露头和沉积模拟等各方面的研究，尤其是对松辽盆地北部白垩系三角洲（楼章华等，1999；朱筱敏等，2012）和鄂尔多斯盆地北部的石炭系、二叠系和三叠系三角洲的研究比较详细（何义中等，2001；李洁等，2011）。另外，在渤海湾盆地（朱伟林等，2008；叶蕾，2018）、四川盆地（刘柳江等，2009）和准噶尔盆地（朱筱敏等，2008）等亦有对浅水三角洲的研究。

2. 浅水三角洲的定义

Donaldson（1974）等认为水深是浅水三角洲形成的重要控制因素，并将河控三角洲分为深水型及浅水型两类，明确了浅水三角洲是河控三角洲的一类。Postma（1990）指出数十米水深的浅水盆地内发育的三角洲为浅水三角洲。Plint（2000）提出浅水三角洲是指由河流注入浅水发生卸载而成的沉积体。

中国学者也根据对中国盆地中发育的浅水三角洲的研究提出了各种浅水三角洲定义。姚光庆（1995）提出：浅水三角洲是三角洲沉积体系的一种特殊类型，它是指在水体浅、地形平缓部位形成的以分流河道砂体为主体的三角洲类型。邹才能（2008）指出，浅水三角洲的浅水与深水的划分界限应为浪基面。李元昊（2009）提出：浅水三角洲是一种与经典河控三角洲沉积模式不同的沉积类型，是三角洲沉积体系的一种特殊类型，它是指在水体较浅、地形平缓环境中形成的以分流河道砂体为主体的三角洲。

总结来说，浅水三角洲的定义为：在平面空间广阔而坡度平缓的沉积区域，河流注入水深小于正常浪基面的浅水水体形成的三角洲沉积体。

3. 浅水三角洲的形成条件

对于浅水三角洲的形成条件，国内外学者通过对不同盆地的不同实例进行分析，总结了多方面影响因素，概括来说为以下几大类。

（1）构造条件：地形平缓、基底稳定下降，可容空间缓慢增加。例如鄂尔多斯盆地二叠纪山西组沉积时期，盆地的北部发育浅水三角洲，其古地形坡度小于1°（向芳等，2008）。

（2）水动力条件：湖盆水体浅，波浪作用弱，且由于湖泊相对封闭的水体，气候轻微的变化就能引起湖平面的大幅度波动，故河流作用明显（图5-2）（Olariu 和 Bhattacharya，2006；刘波等，2001；阮壮，2011）。

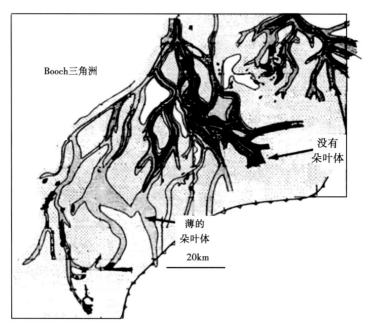

图5-2　河控浅水三角洲发育大量水下分流河道（据 Olariu 和 Bhattacharya，2006）

（3）物源供给：由于浅水三角洲属于河控三角洲的一种，因此，充足的物源供给是形成浅水三角洲的重要条件之一。对松辽盆地白垩系浅水三角洲和鄂尔多斯盆地浅水三角洲的研究都认为形成浅水三角洲需要充足的物源供给（赵翰卿，1987；阮壮，2011）。

（4）气候条件：气候对是否发育浅水三角洲不能起决定性作用，干旱和湿润气候条件下都能形成浅水三角洲。松辽盆地北部葡萄花油层浅水三角洲沉积时期气候相对干旱（楼章华等，1999），而准噶尔盆地侏罗系三工河组发育辫状河浅水三角洲时期气候潮湿（朱筱敏等，2008），鄂尔多斯盆地下二叠统山西组浅水三角洲是温暖潮湿古气候条件下发育起来的（向芳等，2008）。

4. 浅水三角洲分类

浅水三角洲较早的分类方案为 Postma（1990）提出的浅水三角洲划分方案。邹才能（2008）参照 Postma 的方案，针对中国湖盆沉积发育的特点，提出了湖盆浅水三角洲六分方案。该分类方案比较系统地对中国湖盆浅水三角洲进行了分类。朱筱敏等（2013）根据供源系统把湖盆浅水三角洲分为浅水扇三角洲、浅水辫状河三角洲和浅水曲流河三角洲（图5-3）。

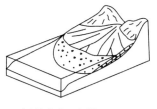
（a）浅水扇三角洲

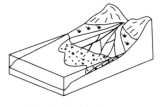
（b）浅水辫状河三角洲

（c）浅水曲流河三角洲

图 5-3　湖盆浅水三角洲分类（据朱筱敏等，2013）

5. 浅水三角洲沉积相划分

浅水三角洲比起正常的三角洲，前缘亚相发育、延伸远是其重要特征，因此一般将浅水三角洲划分为四个亚相：三角洲平原亚相、三角洲内前缘亚相、三角洲外前缘亚相和前三角洲亚相（也有人划分为上三角洲平原亚相、下三角洲平原亚相、三角洲前缘亚相与前三角洲亚相）。

浅水三角洲微相划分没有统一的方案，不同学者、不同的浅水三角洲和不同研究尺度，形成的沉积微相划分方案不尽相同（图 5-4）（楼章华等，1998；梁昌国等，2008）。

6. 浅水三角洲沉积模式

随着对浅水三角洲研究的不断深入，诸多学者根据不同研究对象提出了很多浅水三角洲沉积模式。

对于浅水曲流河三角洲的沉积模式，最早见于赵翰卿（1987）对松辽盆地北部早白垩世中期发育的浅水三角洲的研究。随后又有诸多学者对松辽盆地浅水三角洲的沉积模式进行研究，这些模式大致可分为两类：（1）依据浅水三角洲内前缘亚相砂体平面分布规律与内部结构，提出了坨状三角洲、枝状三角洲、席状三角洲和过渡状三角洲四种模式；（2）通过对多个单旋回内单体三角洲基

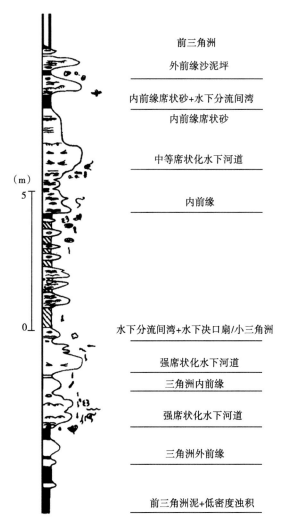

图 5-4　松辽盆地浅水三角洲前缘亚相垂向沉积层序（据楼章华等，1998）

本沉积特征和生长方式的综合研究，建立了大型叶状复合三角洲的总体分布特征和叠叶状加积模式（图 5-5）（赵翰卿和李伯虎，1992；王建功等，2007）。

二、蠡县斜坡浅水三角洲沉积特征

传统三角洲亚相划分方案为三分方案，即从陆到水依次划分为三角洲平原亚相、三角洲前缘亚相和前三角洲亚相。由于浅水三角洲形成于地形非常平缓的沉积背景之下，湖泊水动力改造三角洲前缘的分带性被放大，导致浅水三角洲前缘亚相比一般三角洲前缘亚相要宽阔很多，而且浅水三角洲前缘亚相靠近三角洲平原亚相的部分与靠近前三角洲亚相的部分在沉积特征上存在明显的区别。为了更加准确地描述浅水三角洲的沉积特征，本书采用亚相四分方案，即从陆到水依次划分为三角洲平原、三角洲内前缘、三角洲外前缘和前三角洲亚相（图5-6）。

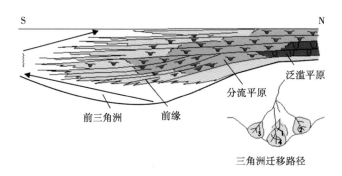

图5-5　松辽盆地白垩系葡萄花油层PI1-4复合三角洲沉积模式（据赵翰卿和李伯虎，1992）

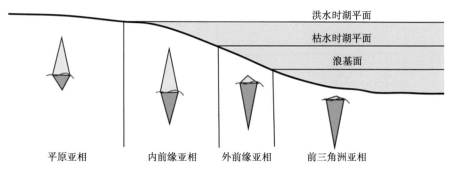

图5-6　浅水三角洲沉积亚相类型及划分界限

1. 三角洲平原亚相

浅水三角洲平原亚相与传统三角洲平原亚相概念类似，是河流过渡到三角洲的部分。三角洲平原亚相位于湖泊洪水面之上，除了短期季节与周期湖面上升之外长期位于水上环境，因此沉积特征类似河流沉积，主要为河道砂与河道间泥间互，局部可见具水下沉积特征的薄层。

饶阳凹陷蠡县斜坡沙河街组三角洲平原亚相主体集中于沙河街组一段上亚段及沙河街组二段上亚段尾砂岩段底部。岩性为中细砂岩和粉砂岩，发育分流河道正韵律，单韵律厚度大于2m，河道砂岩中发育块状层理、平行层理、大型冲刷面以及槽状—板状交错层理，测井曲线呈齿化箱形或钟形；天然堤主要岩性为紫红色、灰绿色泥岩与粉砂岩，厚度为0.5~1.5m，发育沙纹交错层理、爬升层理，测井曲线呈低幅钟形（图5-7、图5-8）。

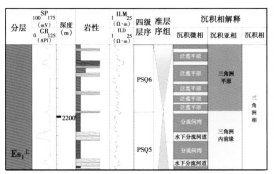

高106井，2478.39m
见植物茎的泥质
粉砂岩

高115井，2169.55~2174.35m

高115井，1810.25m，
冲刷面，底部见泥砾

高115井，1835.45m，
分流河道，平行层理

图5-7　饶阳凹陷蠡县斜坡沙河街组一段上亚段浅水三角洲平原特征

2. 三角洲内前缘亚相

浅水三角洲内前缘亚相对应传统三角洲前缘亚相靠近平原亚相的部分，剖面上位于湖泊平均洪水面与平均枯水面之间。该亚相与三角洲平原亚相相比，处于水下环境的时间明显增多，泥岩多为灰色与灰绿色，可见紫红色泥岩、灰绿色与紫红色泥岩交互出现。由于河流作用仍然十分强烈，三角洲内前缘亚相发育大量水下分流河道，同时受湖泊作用影响，河道连续性较三角洲平原亚相变差，分汊明显增多。可以说三角洲内前缘亚相是被湖泊水动力轻度改造的三角洲平原亚相。

三角洲内前缘亚相主体集中于沙河街组一段上亚段下部及沙河街组二段上亚段尾砂岩段中上部。水下分流河道主要由细砂岩、粉砂岩组成，发育间断性正韵律，厚度大于2m，具有块状、槽状、波状、楔状交错层理；分流间湾发育薄层深灰色、灰色泥岩，厚度小于0.5m，具水平纹理、生物扰动、变形构造和生物化石（图5-9）。高35井三角洲内前缘单期韵律为3~4m，岩性较粗，发育强水动力沉积构造，正韵律顶部泥岩段保存相对较差（图5-10）。

3. 三角洲外前缘亚相

浅水三角洲外前缘亚相对应传统三角洲前缘亚相靠近前三角洲亚相的部分，剖面上位

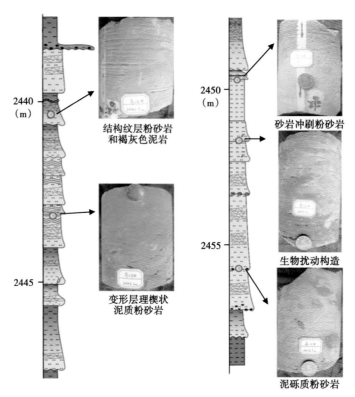

图 5-8　饶阳凹陷蠡县斜坡高 28 井沙河街组二段上亚段浅水三角洲平原岩心及岩心序列特征

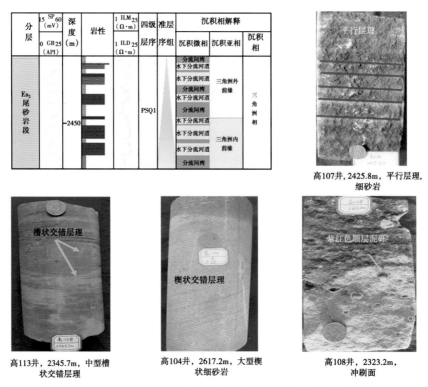

图 5-9　饶阳凹陷蠡县斜坡沙河街组二段上亚段（尾砂岩段）浅水三角洲内前缘特征

于湖泊平均枯水面与正常浪基面之间。三角洲外前缘亚相绝大部分时间位于水下环境，泥岩基本为反映水下还原环境的灰色与灰绿色泥岩。由于河流进一步深入湖泊，河流作用减弱明显，湖泊水动力作用起主导作用。因此在外前缘亚相很难见到连续的河道砂体，且河道砂体被湖泊水动力改造明显，席状砂大量发育。可以认为三角洲外前缘亚相是被湖泊水动力强烈改造的三角洲内前缘亚相。三角洲外前缘亚相划分为水下分流河道前缘和席状砂微相。

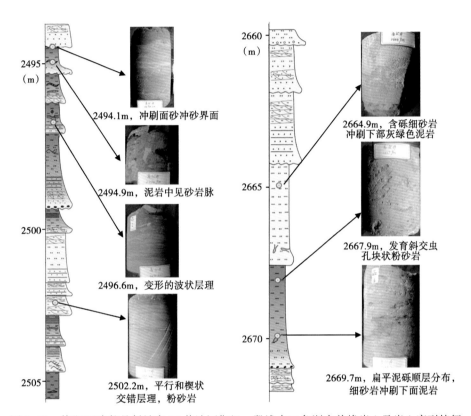

图 5-10　饶阳凹陷蠡县斜坡高 35 井沙河街组一段浅水三角洲内前缘岩心及岩心序列特征

三角洲外前缘亚相主体集中于沙河街组一段特殊岩性段中部及沙河街组二段尾砂岩段中上部。席状化水道由粉砂岩、泥质粉砂岩组成，不明显正韵律或复合韵律，厚度为 1～1.5m，发育块状层理、槽状交错层理以及平行层理；席状砂岩性主要为粉砂岩、泥质粉砂岩，复合韵律厚度为 0.5～1m，低角度交错层理、脉状层理，如高 103 井（图 5-11）。高 43 井浅水三角洲外前缘单期韵律为 1～2m，岩性粒度相对较细，发育弱水动力沉积构造（过渡型层理），正韵律顶部泥岩段保存相对较好（图 5-12）。

4. 前三角洲亚相

浅水三角洲前三角洲亚相与传统三角洲前三角洲亚相的概念类似，指位于三角洲外前缘之外更深入水体的部分，剖面上位于正常浪基面之下。前三角洲亚相为完全水下沉积环境，发育大套具水平纹层的暗色泥岩，可见介形类化石、黄铁矿等。前三角洲亚相仅发育前三角洲泥微相，岩性上以厚层灰色与灰黑色泥岩为主，构造上发育水平纹层，有黄铁矿和介形类化石，测井曲线特征为极低幅直线，展布特征为大面积连片分布（图 5-13）。

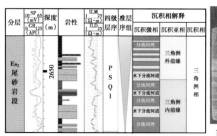

西柳10井，3125.3m，
平行层理

高103井，2744.0m，
水平生物潜穴

高107井，2398.4m，
滑塌变形

高113井，2344m，
波状层理

高106井，2479.29m，
包卷层理

图5-11　饶阳凹陷蠡县斜坡沙河街组二段上亚段浅水三角洲外前缘沉积特征

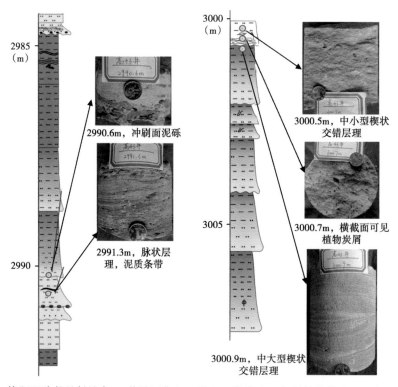

图5-12　饶阳凹陷蠡县斜坡高43井沙河街组二段上亚段浅水三角洲外前缘岩心及岩心序列特征

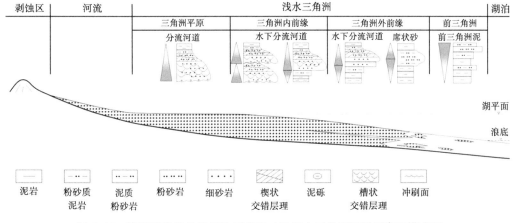

图 5-13　饶阳凹陷蠡县斜坡沙河街组二段浅水三角洲沉积相序列模式图

三、湖相混积岩滩坝研究进展

1. 混合沉积的定义

　　混合沉积就是指碎屑岩与碳酸盐岩在同一沉积环境下的混合。最初 Mount（1984，1985）提出的混合沉积概念是碳酸盐与硅质碎屑在结构或成分上的互层或侧向彼此交叉。随后国内学者张锦泉和叶红专（1989）将沉积环境加入定义之中，认为混合沉积就是在同一沉积环境中碳酸盐与陆源碎屑的相互掺杂。实际上，广义的混合沉积还包含硅酸盐、硫酸盐、火山碎屑与碳酸盐或陆源碎屑的混合产物。但是，其他类型的混合沉积产物分布范围局限，而国内外学者的研究主要是针对碳酸盐与陆源碎屑的混合沉积，这也是沉积学领域长期以来的习惯。

2. 混合沉积的分类

1）按成分和产状分类

　　混合沉积按研究尺度有广义和狭义之分。从狭义上讲，混合沉积是由硅质碎屑与碳酸盐在同一岩层内发生结构上的混合，即为混积岩（杨朝青和沙庆安，1990；郭福生，1990，1993；沙庆安，2001）；从广义上讲，混合沉积也可以是不同岩层的碳酸盐与硅质碎屑互层、夹层及横向相变，即混积层系（沙庆安，2001；郭福生，2004）。此外由于混合沉积的沉积机理比较复杂，除了纯的陆源碎屑与碳酸盐的交互沉积外，还存在混积岩本身的交互沉积以及混积岩与碳酸盐或陆源碎屑的交互沉积（董桂玉等，2007）。因此，混合沉积从广义上来说指的是混积岩和混积层系。本书讨论的是广义的混合沉积。

　　混积岩的分类和命名至今还没有统一的标准。混积岩比较详细的结构—组分划分方案最初是由 Mount（1985）提出，他采用硅质碎屑砂、碳酸盐异化粒、灰泥以及泥质黏土四端元立体图法进行分类（图 5-14）。虽然 Mount 开

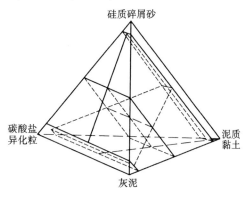

图 5-14　混积岩四端元立体图法分类
（据 Mount，1984）

创了混积岩结构—组分划分的先河，也比较准确全面，但是其分类方案比较烦琐，不够直观，引用和使用起来都比较困难。中国学者杨朝青和沙庆安（1990）在 Mount 四端元立体图法分类的基础之上，结合云南曲靖中泥盆统曲靖组的混合沉积实例，在陆源碎屑、碳酸盐、黏土三角图解上进行了混合组分岩石的分类和命名（图 5-15），将陆源碎屑组分大于10%、碳酸盐组分大于25%的岩石称为混积岩，并提出可将岩石中各组分的含量及结构作为混积岩的前缀进一步描述。张雄华（2000）提出的方案划定的混积岩范围更大，除了将黏土含量大于50%的岩石称为黏土岩外，他将陆源碎屑含量在5%~95%之间、碳酸盐含量在5%~95%之间的岩石都称作混积岩，并将其分为四类（图 5-16）。董桂玉（2007）在张雄华分类方案的基础之上，将黏土岩划入陆源碎屑岩中，也就是以陆源碎屑和碳酸盐两端元来对混合沉积进行分类与命名，并在此基础之上将混积岩分为四类（表 5-1）。

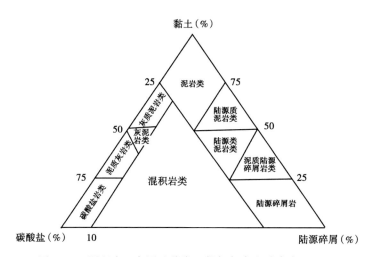

图 5-15 混积岩三角图法分类（据杨朝青和沙庆安，1990）

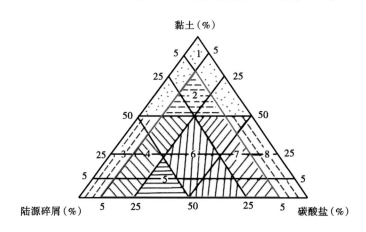

图 5-16 混积岩三角图法分类（据张雄华，2000）
1—黏土岩或泥岩；2—混积质黏土岩或泥岩；3—砂岩；4—含陆源碎屑—碳酸盐混积岩；
5—陆源碎屑质—碳酸盐混积岩；6—含碳酸盐—陆源碎屑混积岩；7—碳酸盐质—陆源碎屑混积岩；8—石灰岩

混积层系的概念最初是由郭福生（2004）研究提出的，他将陆源碎屑与碳酸盐岩的互层与夹层现象命名为混积层系，并在浙江江山藕塘底组混合沉积的研究中，将研究区的混积层系分为两类：陆相碎屑岩与海相碳酸盐岩的交互沉积、滨浅海环境下碎屑岩与碳酸盐

表 5-1　混积岩两端元分类（据董桂玉，2007）

岩性	岩性含量比例	命名	实例
碳酸盐岩为主	0<LS<25%	含陆源碎屑—碳酸盐岩	如：含泥灰岩
	25%<LS<50%	陆源碎屑质—碳酸盐岩	如：粉砂质白云岩
陆源碎屑岩为主	TS<25%	含碳酸盐—陆源碎屑岩	如：含灰泥岩
	25%<TS<50%	碳酸盐质—陆源碎屑岩	如：白云质粉砂岩

注：LS—陆源碎屑岩，TS—碳酸盐岩。

岩的互层。随后，董桂玉（2007）将混积层系的概念作了进一步的延伸，又将混积物本身的交互沉积、混积物与陆源碎屑的交互沉积及混积物与碳酸盐的交互沉积加入混积层系的概念中，将混积层系分为四类并提出了命名原则（图 5-17）。

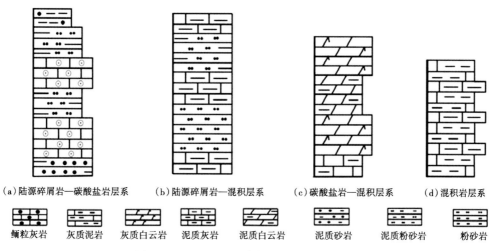

（a）陆源碎屑岩—碳酸盐岩层系　　（b）陆源碎屑岩—混积层系　　（c）碳酸盐岩—混积层系　　（d）混积岩层系

鲕粒灰岩　　灰质泥岩　　灰质白云岩　　泥质灰岩　　泥质白云岩　　泥质砂岩　　泥质粉砂岩　　粉砂岩

图 5-17　混积层系的分类（据董桂玉，2007）

2）按成因分类

混合沉积按成因的详细分类方案，最初也是由 Mount（1984，1985）提出的。他将其分四类：（1）间断混合，突发性事件导致的沉积环境变化；（2）相混合，在相过渡带发生的不同相沉积物沿相边界扩散和混合；（3）原地混合：碎屑岩基底之上直接堆积以原地和准原地死亡的钙质生物为主的碳酸盐岩；（4）源区混合：在碎屑岩的沉积环境中，附近的碳酸盐区发生构造运动并风化剥蚀形成碳酸盐碎屑与陆源碎屑混合形成的混合沉积。Mount 关于混合沉积在成因方面的分类，概括得比较详细，后来学者们对成因分类的研究也大多以此为据。

国内学者张雄华（2000）在 Mount 分类基础之上，结合湖南和江西混合沉积研究实例，在 Mount 的分类中又加入岩溶穿插再沉积混合，即碳酸盐岩的裂隙中掺入陆源碎屑，裂隙不断增宽岩体坍塌形成的混合沉积，其他四类基本与 Mount 的分类相似。王国忠（2001）在南海礁源混合沉积的研究实例中，从不同角度将混合沉积分为随机式、相变式、随机—相变式。相较于 Mount 的成因分类，王国忠提出混合沉积体多是由多种混合沉积方式交替叠加而成的，成因更加复杂。董桂玉等（2007）在前人研究基础之上，结合具体的研究实例，将混合沉积按照沉积事件+剖面结构的方式分为渐变式、突变式、复合式三类（图 5-18）。

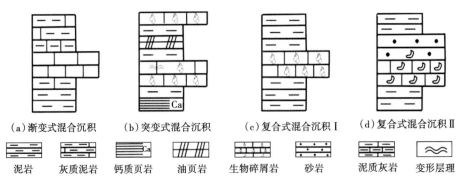

|(a)渐变式混合沉积|(b)突变式混合沉积|(c)复合式混合沉积Ⅰ|(d)复合式混合沉积Ⅱ|

| 泥岩 | 灰质泥岩 | 钙质页岩 | 油页岩 | 生物碎屑岩 | 砂岩 | 泥质灰岩 | 变形层理 |

图5-18　混合沉积按成因的分类（据董桂玉，2007）

四、蠡县斜坡湖相混积岩滩坝沉积特征

陆相湖盆沉积的主体为湖泊沉积，主要发育以粉砂岩（碳酸盐岩）为主的滨浅湖滩坝沉积，以灰黑色泥岩为主的半深湖—深湖沉积，以砂岩为主的重力流沉积。研究区主要以砂质滩坝和碳酸盐岩滩坝为沉积主体（表5-2）。

表5-2　饶阳凹陷蠡县斜坡沙河街组沉积相划分特征

相	亚相	微相	垂向层序沉积特征	沉积构造	测井曲线特征
三角洲	三角洲平原	分流河道	以正韵律为主，以含砾砂岩、砂岩、粉细砂岩、泥岩、煤为主	槽状交错层理、板状交错层理、平行层理	钟形、箱形+线形、指形+小型漏斗形
		分流间湾			
	三角洲前缘	水下分流河道	正韵律或反韵律，以砂岩、粉细砂、泥岩为主	槽状交错层理、波状交错层理、下载型板状交错层理、包卷层理、滑塌构造	钟形、箱形、指形+小型漏斗形、大型漏斗形、指形
		水下分流间湾			
		河口坝			
		前缘席状砂			
湖泊	滨浅湖	滩砂	无韵律，砂泥间互，砂体呈透镜状，缓坡粒度较细，陡坡较粗	浪成沙纹层理、水平层理	指形、小型钟形、箱形、小型漏斗形
		坝外侧缘			
		坝主体			
		坝外内缘			
		滨浅湖泥	无韵律，以粉细砂岩、泥岩为主	浪成沙纹层理、水平层理	基线形

1. 砂质滩坝亚相

滩坝砂体分布于湖盆边缘或湖中水下局部隆起的缓坡带和顶部的浅水带，远离大河入口处。砂质物质主要来自附近其他大砂体，经湖浪岸流长期搬运、淘洗再沉积形成。滩坝亚相可进一步划分为坝主体、坝侧缘、坝间沉积微相。坝主体以细砂岩、粉砂岩为主，以细粒沉积为特征，砂级以上颗粒罕见。坝侧缘则为粉砂岩、泥质粉砂岩；坝间多为灰色泥岩，发育含生物碎屑的泥岩。粒度概率曲线有典型两段式、两跳一悬式及多跳一悬式，跳跃总体斜率较高、分选较好，反映波浪来回冲刷的特点。由于受湖浪和回流的冲刷、淘洗改造作用，坝亚相沉积构造丰富，出现平行层理、波状层理、沙纹交错层理和块状层理等。坝主体自然电位曲线为箱形或中高幅漏斗形，坝侧缘自然电位曲线为中低幅漏斗形或指形，坝间自然电位曲线为微齿形。垂向上，沙坝厚度为 4～10m，常由多个旋回组成，旋回之间为坝间泥岩，多呈细—粗—细对称韵律或向上变粗的反韵律。泥岩和砂岩之间为渐变接触，形成浅灰色—深灰色粉砂岩、细砂岩与灰色、灰绿色泥岩岩性组合。

砂质碎屑岩滩坝集中于沙河街组一段特殊岩性段，或单独发育，或与碳酸盐岩滩坝共生，如高 37 井沙河街组一段（图 5-19）。坝主体以细、粉砂岩为主，厚 0.5～3m；坝侧缘发育粉砂岩，厚 0.5～1m，反韵律，砂体呈透镜状，较多的浪成沙纹层理、水平层理（图 5-20）。

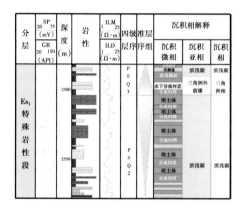

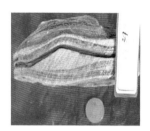

高34井，2523.9m，过渡层理，见波痕

高37井，2576.8m，滩坝反韵律沉积

高37井，2573.7m，生屑灰岩与砂岩界面见大量螺化石

高37井，2579.15m，透镜状层理

高34井，2507.89m，波状交错层理，泥质粉砂岩

图 5-19　饶阳凹陷蠡县斜坡沙河街组一段湖相砂质碎屑岩滩坝岩心特征

2. 碳酸盐岩滩坝亚相

碳酸盐岩滩坝多形成于湖岸附近水动力条件较弱的平坦地区，主要形成于湖浪和湖流筛选作用，形成生物碎屑破碎程度较高的生物灰岩段，以及较为纯净的鲕粒灰岩。

研究区碳酸盐岩滩坝集中于沙河街组一段特殊岩性段顶部，呈薄层发育，或与碎屑岩滩坝共生；其中颗粒滩沉积厚度为 0.5～2m，由鲕粒灰岩、含生物碎屑鲕粒灰岩、生物碎屑灰岩组成，如高 34 井沙河街组一段（图 5-21）；也可由石灰岩与泥晶灰岩、泥岩组成，具有块状层理、过渡型层理、水平层理，如高 28 井沙河街组一段（图 5-22）。

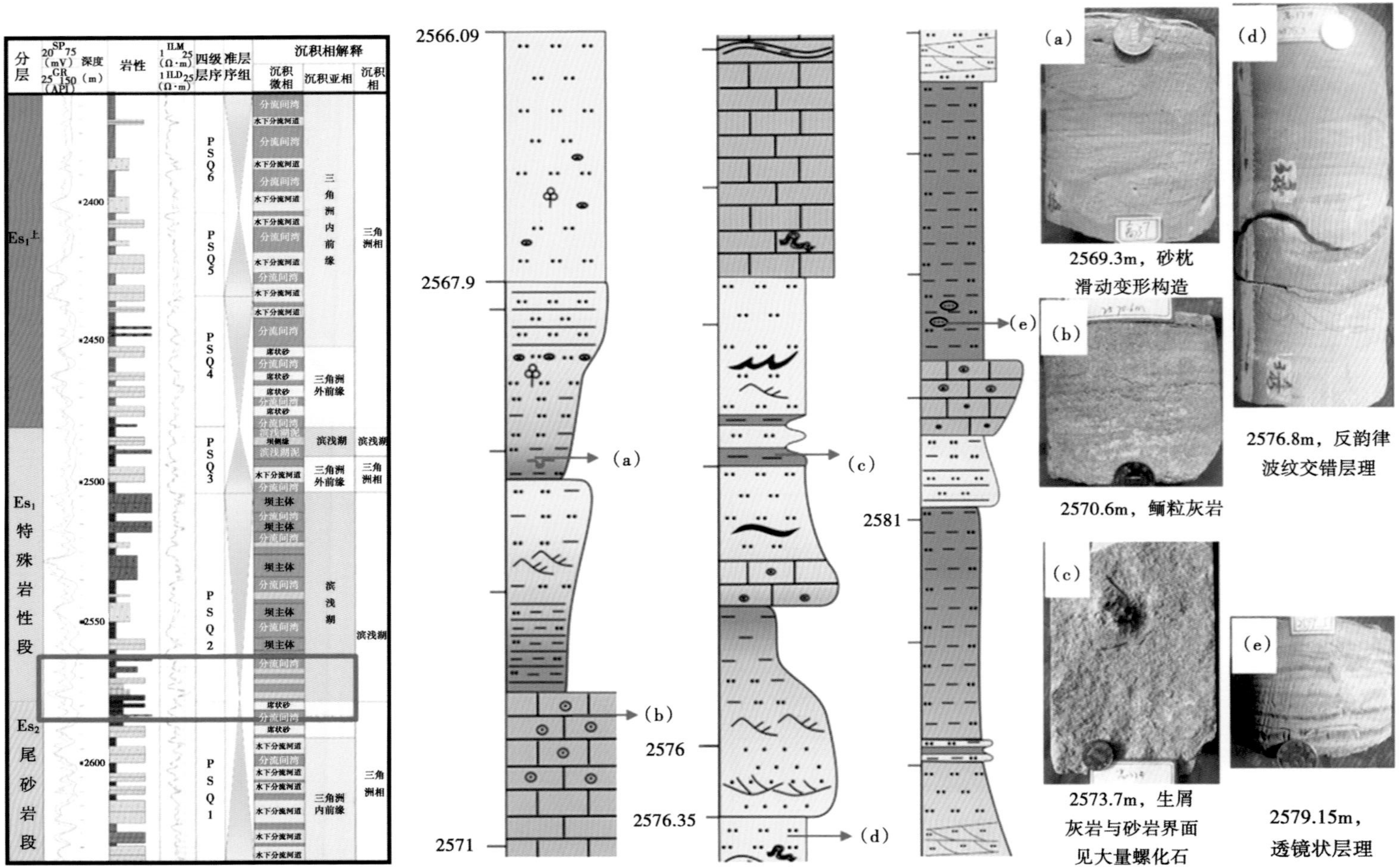

图 5—20 饶阳凹陷蠡县斜坡高 37 井沙河街组一段浅水湖相砂砾质碎屑岩砂滩坝岩心序列特征

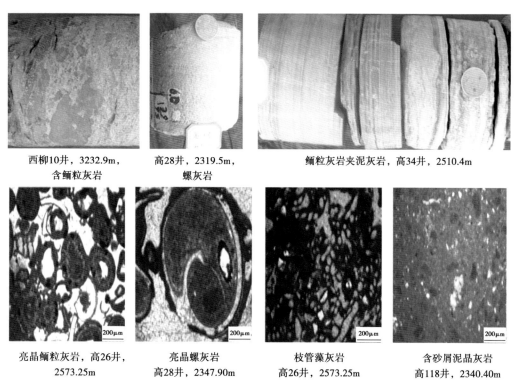

西柳10井，3232.9m，
含鲕粒灰岩

高28井，2319.5m，
螺灰岩

鲕粒灰岩夹泥灰岩，高34井，2510.4m

亮晶鲕粒灰岩，高26井，
2573.25m

亮晶螺灰岩
高28井，2347.90m

枝管藻灰岩
高26井，2573.25m

含砂屑泥晶灰岩
高118井，2340.40m

图 5-21　饶阳凹陷蠡县斜坡湖相碳酸盐岩滩坝岩心和薄片特征

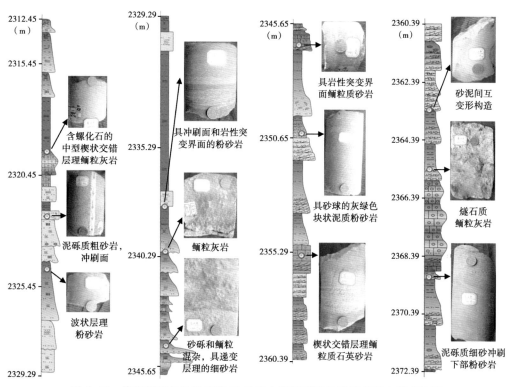

图 5-22　饶阳凹陷蠡县斜坡高 28 井浅水湖相碳酸盐岩滩坝岩心序列特征

第二节 岩心相分析

岩心相指一定沉积环境下发育的岩石特征的综合，包括岩性特征、沉积构造以及纵向变化规律。岩心相分析为岩心观察与沉积定相的桥梁，是反映地下地质特征最直接、最准确的第一手资料，也是识别沉积相最有效、最直观的依据之一，能够真实准确地还原地层沉积时的水动力条件与沉积环境，也是对其他地球物理资料进行准确标定的基础。

一、岩性类型

饶阳凹陷蠡县斜坡发育丰富的岩石类型，沙河街组一段主体以碎屑岩为主，在沙河街组一段下亚段顶部特殊岩性段发育一套湖相碳酸盐岩。其中，碎屑岩包含细砂岩、粉砂岩、泥质粉砂岩—泥岩，碳酸盐岩以生屑灰岩、鲕粒灰岩及泥灰岩为主。

1. 细砂岩

岩心观察中较少见细砂岩，多发育于正韵律底部，且岩性较为纯净，机械分异作用彻底，内部杂基含量较少，为较强水动力冲刷沉积产物。镜下薄片资料显示，岩性以岩屑质长石细砂岩为主，如高 33 井沙河街组一段（图 5-23a）。

2. 粉砂岩

粉砂岩为研究区发育最广泛的岩性，反映蠡县斜坡主体以相对较弱的水动力沉积。粉砂岩颜色多种多样，靠近湖平面附近的与泥岩相伴生的粉砂岩偏棕红色，水下发育的粉砂岩主体呈灰白色和灰色，局部较深水沉积部位与暗色泥岩相伴生的粉砂岩呈灰黑色。岩石薄片镜下分析可知，粉砂岩成分成熟度较高，具有较高的石英含量，整体为岩屑质长石砂岩，结构成熟度中等，如高 21 井沙河街组一段（图 5-23b）。

3. 泥岩

研究区泥岩颜色主体为灰绿色—灰黑色，少见棕红色泥岩。泥岩主体以块状为主，反映中等水深的三角洲—湖泊环境下发育的泥岩。在研究区东部较深水部位，局部发育反映较深水环境的泥页岩（图 5-23c）。

4. 鲕粒灰岩

研究区鲕粒灰岩主要发育在沙河街组一段下亚段顶部特殊岩性段，主体以灰黑色为主，厚度为 5~30cm，薄层的鲕粒灰岩相对较为纯净，相对厚层的鲕粒灰岩多夹杂砂岩，属于混积岩范畴。镜下薄片鉴定可知，鲕粒的大小多为 0.1~0.6mm，分选较好，反映水动力较为均衡的环境。鲕粒的核心以陆源颗粒为主，其次为生物碎屑，包壳呈放射状或同心层状，鲕粒常被泥晶白云石组构交代。鲕粒的类型很多，有正常鲕、薄皮鲕、复鲕、放射鲕、负鲕和多晶鲕（图 5-23d）。

5. 生屑灰岩

与鲕粒灰岩相伴生的沙河街组一段生屑灰岩，多发育于鲕粒灰岩段顶部，生屑主体以螺为主，岩心观察可见完整螺化石、较完整的螺碎屑，反映水体能量较弱，沉积时并未将生物碎屑打碎。镜下鉴定可知，沙河街组一段特殊岩性段生物灰岩发育螺灰岩的同时，还发育藻灰岩及枝管藻灰岩（图 5-23e）。

6. 泥灰岩

特殊岩性段内部发育薄层泥灰岩。泥灰岩相对正常发育的泥岩，具有脆性较高、硬度较高的特征，敲击泥灰岩时发出清脆的声音，相对敲击泥岩沉闷的声音有较大的不同，反映钙质胶结的层段速度较高，地震剖面上有异常高速；泥灰岩断裂面较为锋利，反映相对较高的硬度（图5-23f）。

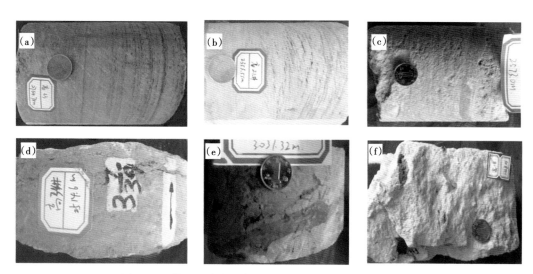

图5-23　饶阳凹陷蠡县斜坡沙河街组一段取心井岩心照片

（a）细砂岩，高33井，2764.78m；（b）粉砂岩，高21井，2355.55m；（c）泥岩，高104井，2573m；（d）鲕粒灰岩，高34井，2514.6m；（e）生屑灰岩，西柳10井，3031.32m；（f）泥灰岩，高118井，2338.05m

二、沉积构造

沉积构造是沉积物搬运沉积过程中，对水动力条件及流体介质性质的直接反映。因此，沉积构造能准确指示沉积岩的成因以及沉积岩生成的沉积环境，为指示沉积相最直接的证据。岩心观察显示，饶阳凹陷蠡县斜坡沙河街组主要沉积构造为沉积物沉积后保存下来的原始沉积构造。变形构造多指沉积后未固结状态下沉积物在外力作用下发生滑动、滑塌及扭曲形成的沉积构造。下面对研究中所见的沉积构造进行分析阐述。

1. 槽状交错层理

槽状交错层理多反映较强水动力环境下水流双向循环引起的河道下切、侧向加积的水动力过程，多位于正韵律沉积的底部，表明河道地形具有一定的坡度，常见于辫状河道、曲流河道、三角洲平原及前缘分流河道和前缘重力滑塌水道中。正韵律底部可见少量冲刷充填构造，常伴有灰绿色或紫红色定向排列的泥砾。槽状交错层理主体为中小规模，向上随水动力减弱规模减小，并逐步过渡为板状交错层理，如高113井沉积构造（图5-24a）。

2. 楔状交错层理

楔状交错层理为河道单向迁移引起的垂向加积，单向迁移水道多发育于曲流河体系，表现为点坝的下切楔状交错层理，以及辫状河道的纵向沙坝楔状交错层理。蠡县斜坡沙河街组一段中小型楔状交错层理主要发育于三角洲前缘水下分流河道与河口坝微相中，岩性以粉、细—中砂岩为主，岩性较细，多含油；多与槽状交错层理相伴生，如高104井沉积构造（图5-24b）。

3. 波状层理

波状层理是复合层理的一种，为脉状层理和透镜状层理之间的过渡类型，呈砂泥互层状，是在泥、砂都有供应而且沉积和保存都较为有利，强、弱水动力条件交替的情况下形成的。研究区波状层理砂岩厚度为 1~2cm，泥岩厚度小于 1cm，主要发育于三角洲前缘、滨浅湖等沉积环境（图 5-24c）。

4. 平行层理

平行层理形成于高能较强水动力沉积环境，高流态平坦沙床迁移，床面上连续滚动的砂粒产生粗细分离而显出平行纹层。平行层理发育在粉—细砂岩中，岩心上通过颜色或粒度变化显示较为明显，砂岩杂基含量较低，沿层面剥开可见剥离线理构造。平行层理多发育于具有冲刷面（图 5-24d）正韵律的底部，岩性明显突变，向上过渡为交错层理，多发育于三角洲平原和前缘分流河道，由平坦沙床垂向加积而成，如高 104 井、西柳 10 井沉积构造（图 5-24d、f）。

5. 包卷层理和滑塌变形层理

包卷层理和滑塌变形层理指沉积物未固结前，在外力或者重力作用下发生运动和位移造成的层理揉皱变形或间断性变化，主要发育于粉砂岩—泥质粉砂岩中，不同岩性毫米级纹层间互并发生变形，多为三角洲前缘沉积环境下的滑动变形，如高 106 井、高 107 井沙河街组一段沉积构造（图 5-24e、g）。

6. 沙纹层理

沙纹层理为流水沙纹层理和浪成沙纹层理的统称，为牵引流中低流态的产物，反映沉积时水动力条件相对较弱。流水沙纹层理为单向水流成因，层理对称性相对较差，主要出

图 5-24　饶阳凹陷蠡县斜坡沙河街组岩心沉积构造特征

（a）中型槽状交错层理，高 113 井，2345.7m；（b）大型楔状交错层理，高 104 井，2617.2m；（c）波状层理，高 113 井，2344m；（d）冲刷面构造，高 104 井，2616.2m；（e）包卷层理，高 106 井，2479.29m；（f）平行层理，西柳 10 井，3125.3m；（g）滑塌变形构造，高 107 井，2398.4m

现在河流和三角洲沉积中；而浪成沙纹层理为双向水流成因，层理的对称性相对较好，主要发育于滨浅湖和三角洲前缘。沙纹层理多发育于单期正韵律顶部，反映水动力减弱末期的沉积，在研究中观察到大量的沙纹层理，多见于沙河街组一段粉、细砂岩中。

7. 水平层理

水平层理为水动力较弱环境中沉积而成，多发育于细粒沉积物中，常见于三角洲平原分流间湾及前三角洲沉积中。水平层理主要发育在泥岩中，颜色多为灰绿色和深灰色，也有少量的水平层理出现在褐红色泥岩或粉砂质泥岩中。

8. 块状层理

饶阳凹陷蠡县斜坡沙河街组块状层理多为沉积物快速堆积的产物，沉积物以粉、细砂岩为主，多发育于三角洲平原或前缘分流河道，分流间湾中也发育块状泥岩，韵律性不明显，反映沉积时物源供给充足。

三、岩相特征

岩相指沉积岩岩性与沉积构造的组合特征，是沉积环境的直接指示。岩性和沉积构造的特定组合能够较为准确地确定沉积岩发育的环境，通常指示某种特定的水动力条件或能量下形成的岩石单元。岩相特征包括沉积岩岩性、粒度、沉积构造及颜色等特征，由于岩性粗细和层理类型的不同，可以反映水动力条件强弱及搬运方式的差异，因此岩相又被称为能量单元。

饶阳凹陷蠡县斜坡沙河街组 30 口井岩心观察显示，该地区主要发育砾岩类、砂岩类、粉砂岩类、泥岩类和碳酸盐岩类等 5 大类、16 小类岩相（表 5-3），既有重力流又有牵引流，既有原生沉积构造，又有变形构造。

表 5-3　饶阳凹陷蠡县斜坡沙河街组岩相分类

岩相大类	编号	名称	岩性	层理类型	典型图片	发育机理
砾岩类	1	水平状分选差砾岩相	中—细砾岩	块状、水平状	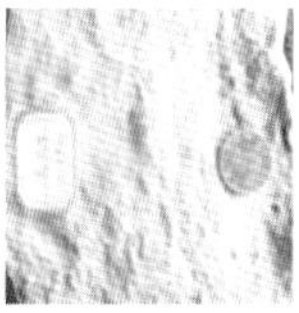 高 28 井，2424.8m	河道冲刷下伏泥岩
	2	叠瓦状分选中砾岩相	中—细砾岩	块状、叠瓦状	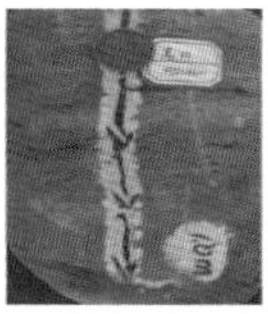 高 33 井，2752.3m	河道冲刷下伏泥岩
砂岩类	3	槽状交错层理砂岩相	中细—粗砂岩	槽状交错层理	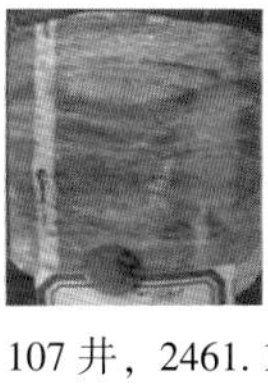 高 107 井，2461.1m	河道沉积或点坝

岩相大类	编号	名称	岩性	层理类型	典型图片	发育机理
砂岩类	4	高角度板状交错层理砂岩相	中细砂岩	单组高角度板状交错层理	高 29 井，2521.5m	河道沙坝侧向迁移
	5	低角度板状交错层理砂岩相	中粗砂岩	低角度板状交错层理	高 44 井，2337.8m	纵向沙坝和河口坝的迁移
	6	平行层理砂岩相	中细砂岩	平行层理	高 104 井，2431.4m	河道沉积
	7	块状层理砂岩相	细砂岩	块状层理	西柳 10-142 井，2762.1m	物源充足快速沉积
粉砂岩类	8	沙纹层理砂岩相	粉砂岩	流水沙纹、浪成沙纹层理	高 34 井，2516.3m	三角洲前缘或河道溢岸
	9	浪成沙纹层理粉砂岩相	粉砂岩	双向板状交错层理、冲刷面	高 47 井，2212.2m	三角洲前缘
	10	变形粉砂岩相	粉砂岩	包卷层理	高 107 井，2425.3m	重力流

岩相大类	编号	名称	岩性	层理类型	典型图片	发育机理
泥岩类	11	块状层理泥岩相	紫红色泥岩	块状构造	高28井，2376.3m	三角洲平原
	12	块状层理泥岩相	灰绿色泥岩	块状构造	西柳10-107井，2983.8m	三角洲前缘
	13	水平层理泥岩相	深灰色泥岩	水平层理	高30井，2534.2m	深湖—半深湖或前三角洲沉积
碳酸盐岩类	14	块状生物灰岩相	黄色生物灰岩	块状	高28井，2329.2m	滩坝
	15	块状生屑灰岩相	灰绿色生屑灰岩	块状	西柳10-142井，3037.3m	滩坝
	16	块状/层状鲕粒灰岩相	灰白色鲕粒灰岩	块状/层状	高34井，2514.6m	滩坝

第三节 测井相分析

测井相分析指综合三岩性测井（GR、SP、CAL）、三电阻率测井（RXO、RIM、RID）及三孔隙度测井（CNL、DEN、AC）等测井曲线，通过岩心标定的测井曲线特征，建立测井相模板，进而对全区展开测井相划分。各类测井曲线所反映的地质特征不同：GR、SP、Rt测井曲线主要反应沉积物在垂向上的粒序变化以及沉积构造特征和水动力能量的变化；AC、CNL和DEN测井曲线指示岩性和岩石结构特征。通过分析测井曲线的组合形态、幅度、顶底接触关系、光滑程度等基本要素来确定单井测井相特征，进而确定单井沉积相类型（图5-25）。

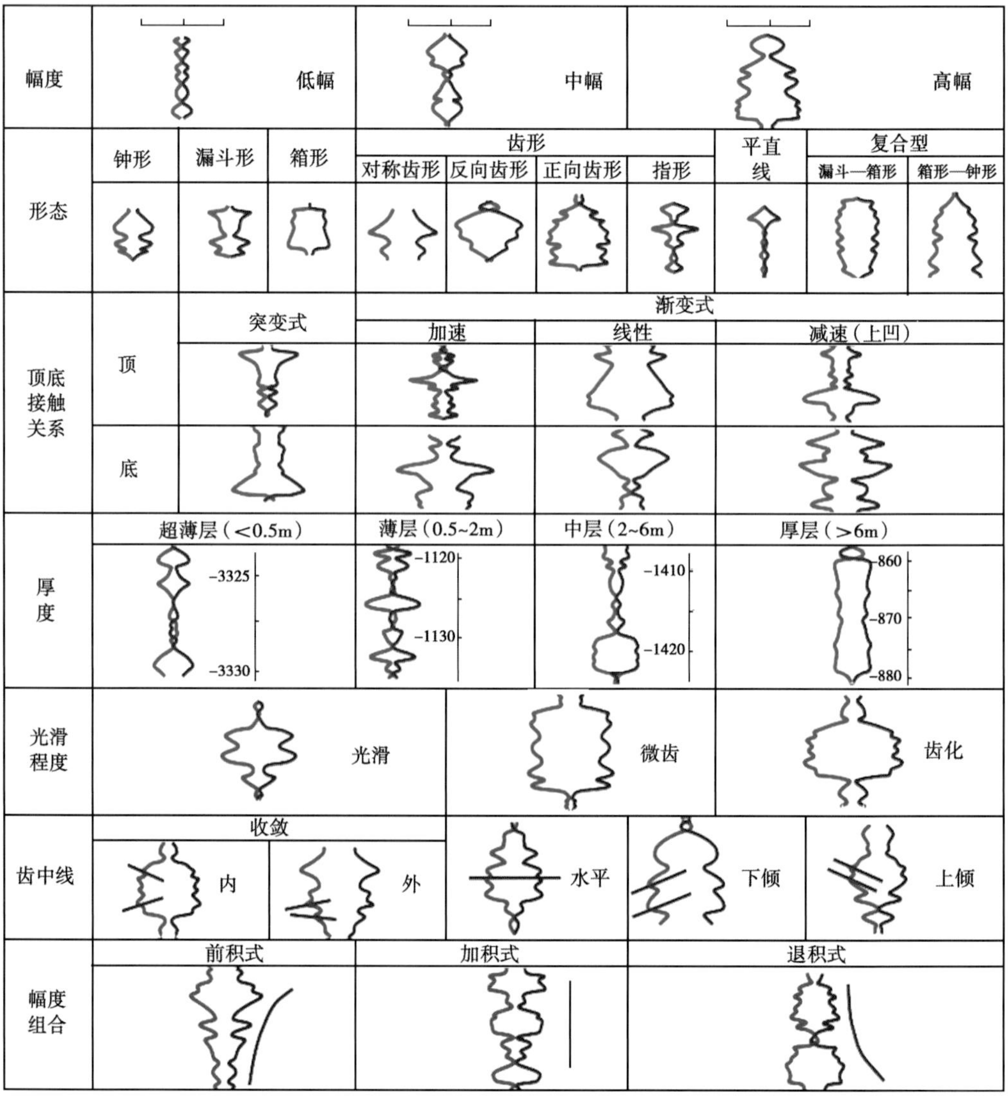

幅度		低幅				中幅				高幅	
形态	钟形	漏斗形	箱形	齿形				平直线	复合型	
				对称齿形	反向齿形	正向齿形	指形		漏斗—箱形	箱形—钟形
顶底接触关系	顶	突变式	渐变式							
			加速	线性		减速（上凹）				
	底									
厚度	超薄层（<0.5m）	薄层（0.5~2m）	中层（2~6m）	厚层（>6m）						
	−3325 −3330	−1120 −1130	−1410 −1420	−860 −870 −880						
光滑程度	光滑		微齿		齿化					
齿中线	收敛		水平	下倾	上倾					
	内	外								
幅度组合	前积式	加积式	退积式							

图5-25 测井曲线类型划分（据王贵文，2008）

66

一、钟形

钟形测井曲线所反映的岩性为向上砂岩中的泥质含量逐渐增加或粒度逐渐变细、底部与泥岩突变接触，测井曲线呈钟形，有时因层内泥质含量变化，测井曲线向泥岩基线方向略回返而出现齿化现象。研究区钟形测井曲线较为常见，多为水下分流河道沉积过程中向上水动力减弱，泥质含量增加形成；另一种为滨浅湖滩坝砂体沉积后水体变浅，水动力降低，而指示其坝侧缘沉积（图5-26）。

二、箱形

箱形测井曲线反映一个稳定的水动力沉积过程，其发育表明物源供应充足，水流能量较为稳定，若能量略有变化，或渗入部分泥质，曲线会有齿化现象。箱形曲线多对应厚层的粉砂岩及细砂岩，曲线顶底突变，幅度为中高幅。研究区箱形测井曲线发育较多，多为三角洲分流河道沉积以及滨浅湖滩坝沉积（图5-26）。

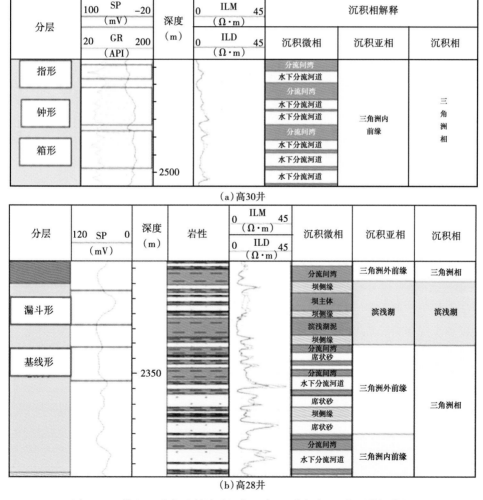

图5-26　饶阳凹陷蠡县斜坡沙河街组高30井与高28井测井相特征

三、指形

指形测井曲线反映水动力变化较大，对应泥岩中发育的中薄层砂岩，代表较强能量环境中形成的中等厚度（厚度大于 3m）均匀粗粒沉积。多为小型三角洲分流河道沉积与滩坝坝主体沉积；若砂体厚度小于 3m，则一般代表席状砂沉积或滨浅湖中滩砂沉积（图 5-26）。

四、漏斗形

漏斗形测井曲线代表水动力向上渐强的沉积过程，砂体向上建造时水流能量增强，颗粒粒度增大，分选变好，常对应粉、细砂岩沉积。该类自然电位曲线底部渐变，上部突变，呈中高幅，通常对应三角洲前缘河口坝沉积，在滨浅湖滩坝中，坝侧缘沉积物也出现该类自然电位曲线（图 5-26）。

五、基线形

基线形测井曲线多指厚层均一的泥岩段，常代表沼泽、分流间湾或前三角洲泥质沉积，有时因砂质含量变化而出现齿化现象。研究区基线形测井曲线主要对应厚层灰色、深灰色以及紫红色泥岩（图 5-26）。

第四节 单井—连井相分析

取心井的单井相分析是判断沉积微相的基础，也是研究区剖面沉积微相和平面沉积微相研究的前提。通过对岩心资料的观察描述、薄片的镜下观察鉴定，结合测井沉积微相及粒度特征等资料，可综合确定取心层段的沉积微相。下文选取取心井段最长的高 28 井进行单井相分析，并选取研究区横纵两条连井剖面表征其连井相特征。

一、岩心序列特征

高 28 井取心井段为 2312.45~2458.89m，有 9 次连续取心，发育沙河街组一段下亚段的滨浅湖滩坝沉积和沙河街组二段上亚段的尾砂岩沉积。

1. 第一次取心（2312.45~2329.29m）

该层段位于沙河街组一段特殊岩性段，主要发育水下分流河道沉积以及碳酸盐岩滩坝沉积。纵向上存在多个正韵律，底部多板状交错层理，向上过渡为波状交错层理，为向上水动力减弱的水下分流河道沉积。滩坝复合体呈现正反韵律叠置特征，内部发育鲕粒灰岩，底部为生屑灰岩段（图 5-27）。

2. 第二次取心（2329.29~2345.65m）

该层段位于沙河街组一段特殊岩性段，主要发育水下分流河道沉积。纵向上存在多个正韵律，底部为冲刷面、槽状交错层理，向上过渡为板状交错层理和波状交错层理。局部层段发育混积岩，鲕粒灰岩夹杂在砂岩中（图 5-28）。

3. 第三次取心（2345.65~2360.39m）

该层段位于沙河街组一段特殊岩性段，主要发育水下分流河道沉积及混积岩段。纵向上存在多个正韵律，底部为冲刷面、槽状交错层理，向上过渡为板状交错层理和波状交错层理，

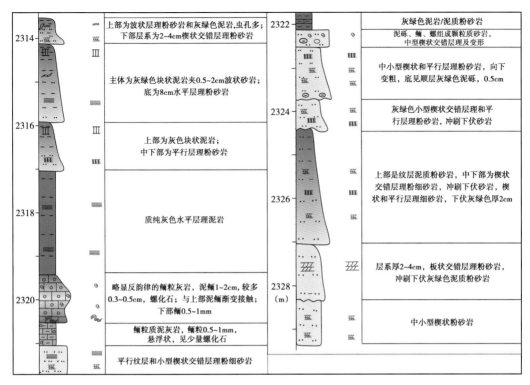

图 5-27　饶阳凹陷蠡县斜坡高 28 井第一次取心素描图（2312.45~2329.29m）

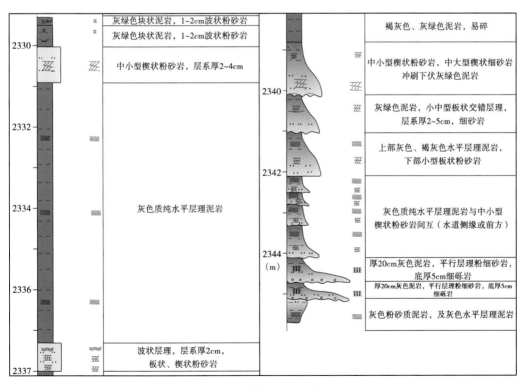

图 5-28　饶阳凹陷蠡县斜坡高 28 井第二次取心素描图（2329.29~2345.65m）

正韵律顶部粉砂岩—泥岩段厚度较大，表明水下分流河道保存较为完整。中部层段发育混积岩，厚约1.2m，混积岩底部为鲕粒灰岩夹杂在砂岩中，顶部为较纯净的鲕粒灰岩（图5-29）。

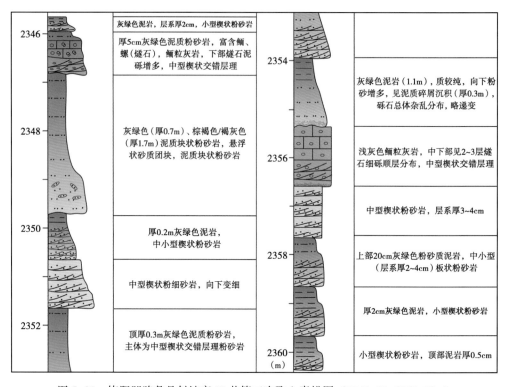

图5-29　饶阳凹陷蠡县斜坡高28井第三次取心素描图（2345.65~2360.39m）

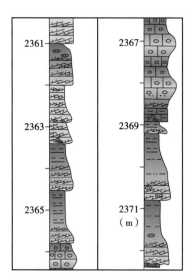

图5-30　饶阳凹陷蠡县斜坡
高28井第四次取心素描图
（2360.39~2372.39m）

4. 第四次取心（2360.39~2372.39m）

该层段位于沙河街组一段特殊岩性段底部，主要发育水下分流河道沉积及混积岩。纵向上存在多个正韵律，底部为冲刷面、槽状交错层理，向上过渡为板状交错层理和波状交错层理，正韵律顶部粉砂岩—泥岩段厚度较小，表明水下分流河道保存较差。中部层段发育较为纯净的鲕粒灰岩，厚约3.2m，顶底均与砂岩段突变接触（图5-30）。

5. 第五次取心（2390~2406.84m）

该层段位于沙河街组二段上亚段尾砂岩段顶部，主要发育水下分流河道沉积及混积岩。发育薄层的间断正韵律，正韵律厚度较小。砂岩内部偶尔可见混积发育的石灰岩段（图5-31）。

6. 第六次取心（2407~2421.76m）

该层段位于沙河街组二段上亚段尾砂岩段中部，主要发育水下分流河道沉积。纵向上存在多个正韵律，正韵律厚度较大并向上厚度增加，粒度顶底变化较小（图5-32）。

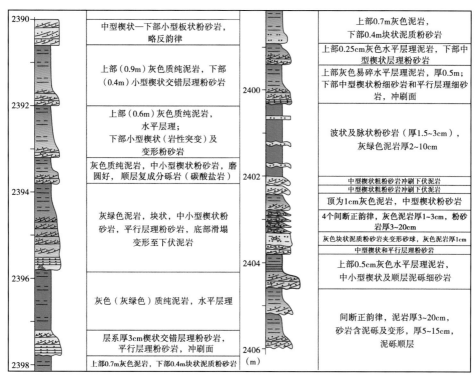

图 5-31 饶阳凹陷蠡县斜坡高 28 井第五次取心素描图 (2390~2406.84m)

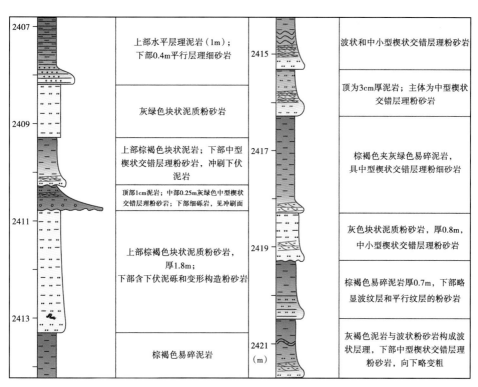

图 5-32 饶阳凹陷蠡县斜坡高 28 井第六次取心素描图 (2407~2421.76m)

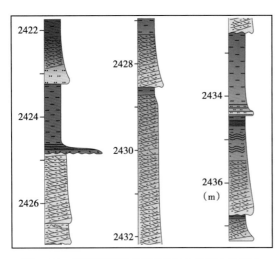

7. 第七次取心（2421.76~2437.68m）

该层段位于沙河街组二段上亚段尾砂岩段中部，主要发育五期水下分流河道沉积。正韵律底部厚度较小，向上规模变大，且正韵律中部岩性较粗。泥岩出现部分棕红色，推断为位于湖水面附近的三角洲前缘沉积，相邻层段岩性粒度均较粗（图5-33）。

8. 第八次取心（2437.68~2451.68m）

该层段位于沙河街组二段上亚段尾砂岩段中部，主要发育多期水下分流河道沉积。间断正韵律发育，但间断正韵律厚度向上变大、岩性变粗，顶部泥岩出现部分棕红色，表明沉积水体不断变浅的三角洲前缘沉积。另外，中部正韵律底部见生物

图5-33 饶阳凹陷蠡县斜坡高28井第七次取心素描图（2421.76~2437.68m）

钻孔（图5-34）。

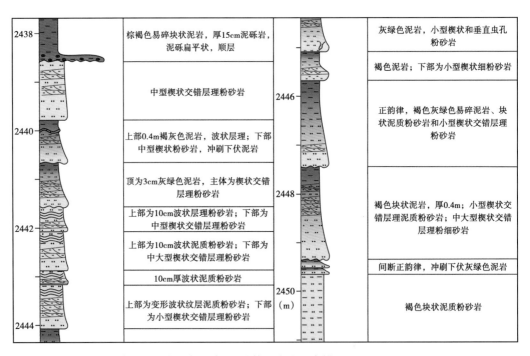

图5-34 饶阳凹陷蠡县斜坡高28井第八次取心素描图（2437.68~2451.68m）

9. 第九次取心（2452~2458.89m）

该层段位于沙河街组二段上亚段尾砂岩段中下部，主要发育多期水下分流河道沉积，主要岩性为粉细砂岩—粉砂岩，并未在间断正韵律顶部发育泥质粉砂岩或泥岩，反映水下分流河道迁移较为频繁。中下部间断正韵律底部可见顺层褐色泥砾，表明整体水动力较强（图5-35）。

72

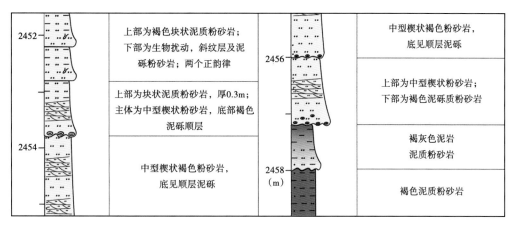

图 5-35　饶阳凹陷蠡县斜坡高 28 井第九次取心素描图（2452~2458.89m）

二、单井相特征

单井相分析是进行连井剖面对比和平面相分析的基础，反映了沉积相的纵向演化特征。本书着重研究关键井岩心的颜色、岩性、沉积构造、沉积序列等沉积相标志和测井响应特征，对观察的 30 口岩心井开展了单井相分析，明确了沙河街组一段湖平面变化特征。通过顺物源 4 条相剖面、垂直物源 5 条相剖面分析，确定沙河街组沉积相分布特征。

饶阳凹陷蠡县斜坡高 28 井、高 47 井、高 101 井、高 102 井、高 107 井及高 108 井等 6 口关键井单井层序地层和精细沉积相分析，明确了关键井沙河街组一段和沙河街组二段沉积体系类型，为其他钻井沉积相研究提供了基础。下面将以高 28 井（图 5-36）、高 47 井（图 5-37）、高 107 井（图 5-38）、高 108 井（图 5-39）、高 101 井（图 5-40）及高 102 井（图 5-41）等 6 口井为例详细介绍单井层序地层和沉积特征。

高 28 井沙河街组二段上亚段底部岩性多为灰色细砂岩和紫红色泥岩，少见灰色、灰绿色泥岩，单层砂岩厚度为 1~5m，呈现多个具明显冲刷面的间断正韵律。自然伽马曲线呈现低幅齿化钟形，沉积微相以三角洲平原分流河道和泛滥平原为主。向上可容空间增大，间断正韵律沉积厚度逐渐减小，由底部三角洲平原亚相向上过渡为三角洲内前缘亚相，至顶部为三角洲外前缘亚相（图 5-36）。

高 28 井沙河街组一段下亚段岩性以粉砂岩、泥质粉砂岩和暗色泥岩为主，单层砂岩厚度为 0.5~2m，底部呈复合韵律，自然伽马曲线由高幅齿化钟形向极低幅微齿状转变，发育水下分流河道及分流间湾等沉积微相。向上砂泥岩间互，岩性变化为细砂岩、紫红色泥岩以及暗色泥岩，少见紫红色石灰岩，砂体厚度为 2~5m，主体发育滩坝沉积。

高 28 井沙河街组一段上亚段水体变浅，砂地比增大，表现为厚层含砾砂岩与紫红色泥岩交替出现，反映较强的水动力环境和物源供给充足，分流河道沉积特征明显，正韵律底部具明显冲刷面，应为浅水三角洲平原沉积。

高 47 井沙河街组二段上亚段总体岩性较细，主要发育灰色细砂岩、粉砂岩、紫红色泥岩以及暗色泥岩，单层砂岩厚度最大可达 4m，往上砂岩粒度和砂泥岩厚度均减小。自然伽马曲线由低幅钟形向高幅齿化箱形或钟形转变，表明底部三角洲平原亚相向上过渡为三角洲前缘亚相（图 5-37）。

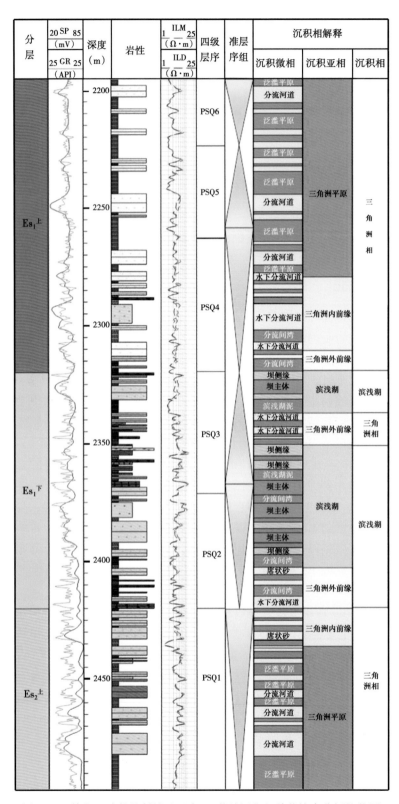

图 5-36　饶阳凹陷蠡县斜坡地区高 28 井沙河街组单井综合分析柱状图

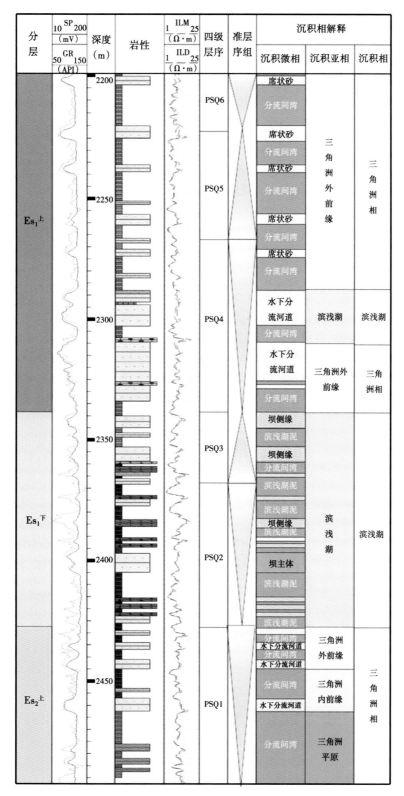

图 5-37　饶阳凹陷蠡县斜坡地区高 47 井沙河街组单井综合分析柱状图

高47井沙河街组一段下亚段自下而上发育湖退—湖泛过程形成的滩坝沉积，底部暗色泥岩与红色石灰岩薄层共生，向上过渡为砂泥岩间互，砂体单层厚度更厚，泥岩厚度减小，砂地比变大。总体上坝主体以细、粉砂岩为主，沉积厚度为0.5~3m；坝侧缘以粉砂岩为主，沉积厚度为0.5~1m，自然伽马曲线多呈指形和小规模钟形、箱形。

高47井沙河街组一段上亚段岩性主要为灰色细砂岩，粉砂岩，绿色泥岩以及暗色泥岩。底部发育大套细砂岩，泥岩相对较薄，向上砂岩厚度减薄、泥岩厚度增大、砂地比减小，指示三角洲外前缘与滨浅湖沉积。

高107井沙河街组二段上亚段底部发育紫红色泥岩，向上过渡为间互的灰黑色细砂岩、粉细砂岩与薄层深灰色泥岩，往上砂岩粒度变小，砂泥岩厚度均减薄，垂向上表现为多个正韵律叠合，单层砂岩厚度可达6m，指示三角洲内前缘的水下分流河道与分流间湾微相（图5-38）。

高107井沙河街组一段下亚段岩性以灰黑色细、粉砂岩以及粉砂质泥岩、泥岩为主，夹棕褐色鲕粒灰岩，砂体规模较大，单层厚度较厚，为1~4m。坝主体自然伽马曲线以指形、小规模钟形和箱形为主，发育湖退—湖泛过程，以滩坝沉积为主，与碳酸盐岩滩坝共生。

高107井沙河街组一段上亚段岩性较细，发育灰黑色细、粉砂岩以及泥岩，向上泥岩厚度随着湖退—湖泛—湖退过程，经历了先变薄又变厚的过程，往上砂地比先变小，随着水体变浅，又逐渐变大，自然伽马曲线为中等幅值的指状，指示三角洲外前缘的水下分流河道和分流间湾沉积微相（图5-38）。

高108井沙河街组二段上亚段底部岩性较粗，发育大套中、细砂岩和强水动力沉积构造，厚达5~6m；向上岩性粒度相对较细，以紫红色泥岩和红棕色细、粉砂岩为主，反映氧化环境，砂泥岩厚度减薄，发育弱水动力沉积构造，多期河道叠覆，指示水下分流河道与分流间湾沉积。随着水体变深，砂体规模继续变小，砂泥岩间互，坝主体岩性以细、粉砂岩为主，厚度为0.5~2m；坝侧缘以粉砂岩为主，厚度为0.5~1m，无韵律，砂体呈透镜状，判断为滨浅湖沉积（图5-39）。

高108井沙河街组一段下亚段底部发育棕褐色生物碎屑灰岩，石灰岩与泥晶灰岩、泥岩间隔发育，指示碳酸盐岩滩坝沉积，与碎屑岩滩坝共生；向上水体变浅，砂泥岩间互，泥岩厚度逐渐减薄，自然伽马曲线以指形、小型钟形、箱形为主，判断为滨浅湖沉积。

高108井沙河街组一段上亚段底部发育大套灰色细砂岩，以相互叠置切割的三角洲前缘水下分流河道为主，自然伽马曲线呈现高幅钟形，底部突变顶部渐变。向上砂泥岩沉积规模变小，自然伽马曲线呈中幅弱齿化，形成一套退积的沉积序列，水下分流河道减少，以分流间湾为主。晚期水体变浅，泥岩呈紫红色，厚度增大，砂地比变小，指示三角洲内前缘沉积微相。

高101井沙河街组二段上亚段底部岩性以灰色细砂岩和紫红色泥岩为主，指示氧化环境，向上泥岩过渡为灰黑色，泥岩厚度增大，砂岩厚度减薄，单层砂岩厚度为1~5m。底部呈多个正韵律叠加，自然伽马曲线呈中低幅齿化钟形，向上发育湖泛沉积，由底部三角洲平原亚相向上过渡为三角洲内前缘亚相，至顶部为三角洲外前缘亚相（图5-40）。

高101井沙河街组一段下亚段岩性以粉砂岩、泥质粉砂岩和暗色泥岩为主，单层砂岩厚度为0.5~2m，底部呈复合韵律，发育滨浅湖碎屑颗粒滩坝的坝主体与坝侧缘等沉积微相。向上水体加深，石灰岩与泥晶灰岩、泥岩间隔发育，由底部碎屑岩滩坝沉积向上过渡为碳酸盐岩滩坝沉积。

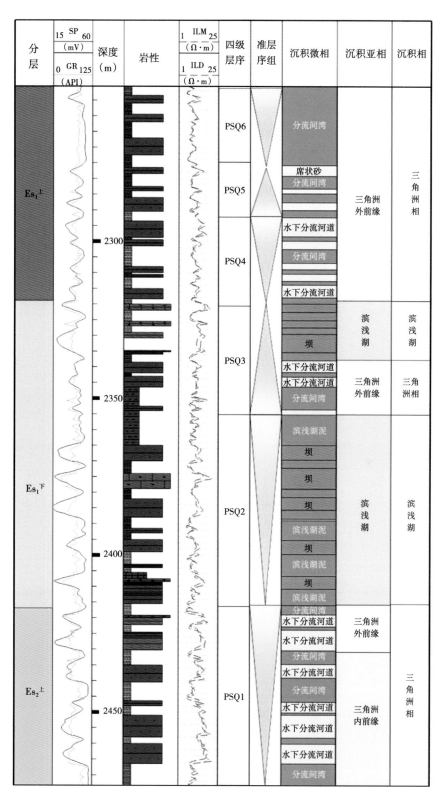

图 5-38　饶阳凹陷蠡县斜坡地区高 107 井沙河街组单井综合分析柱状图

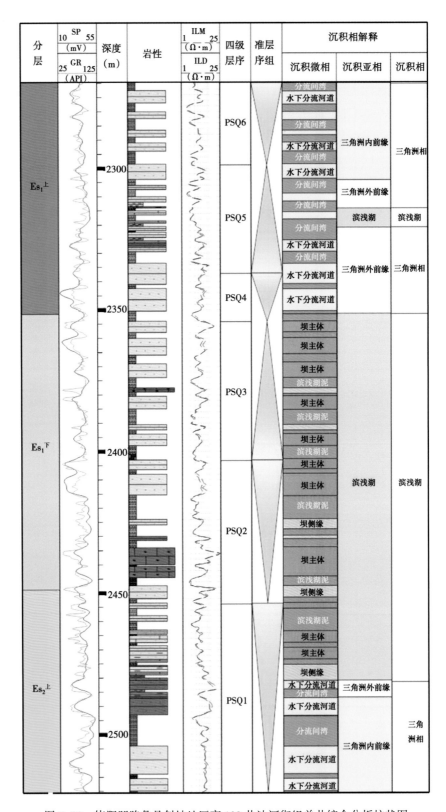

图 5-39　饶阳凹陷蠡县斜坡地区高 108 井沙河街组单井综合分析柱状图

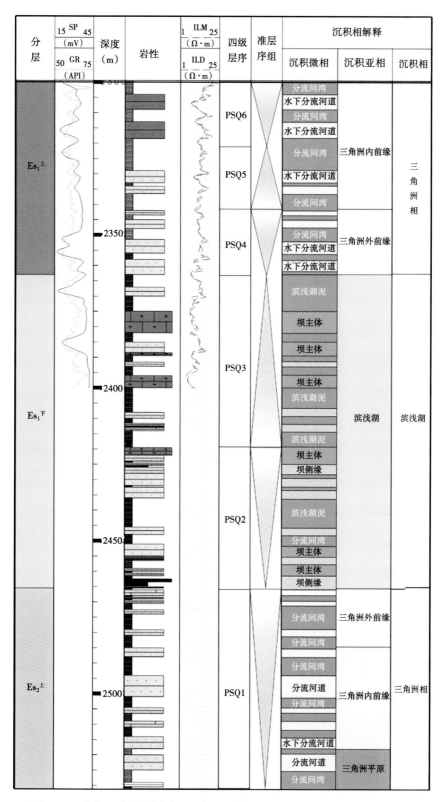

图 5-40　饶阳凹陷蠡县斜坡地区高 101 井沙河街组单井综合分析柱状图

高 101 井沙河街组一段上亚段底部发育灰白色细、粉砂岩与暗色泥岩，向上过渡为紫红色泥岩与红褐色细、粉砂岩，指示水体逐渐变浅的氧化环境，多期河道相互叠置，自然伽马曲线由中低幅指状、扁齿化箱状向高幅钟形、箱形转化，由底部三角洲外前缘亚相向上过渡为三角洲内前缘亚相。

高 102 井沙河街组二段上亚段岩性主要为灰白色细、粉砂岩以及泥岩，底部河道多期叠置，砂岩规模较大，单层砂岩厚度达 5~6m，呈多个正韵律叠加；晚期水体加深，往上砂岩厚度变小，泥岩厚度增大，砂地比减小，并夹生物灰岩，指示碳酸盐岩滩坝沉积微相。自下而上由底部三角洲平原亚相向上过渡为三角洲内前缘亚相，至顶部三角洲外前缘亚相以及滩坝沉积（图 5-41）。

高 102 井沙河街组一段下亚段岩性以暗色泥岩、生物灰岩、细—粉砂岩为主，向上泥岩颜色变浅，单层砂岩厚度为 0.5~2m，发育滨浅湖碎屑颗粒滩坝的坝主体与坝侧缘等沉积微相，伴生碳酸盐岩滩坝，石灰岩与泥晶灰岩、泥岩间隔发育，指示滨浅湖沉积。

高 102 井沙河街组一段上亚段岩性以灰白色细—粉砂岩、暗色泥岩、灰绿色泥岩以及紫红色泥岩为主，底部发育暗色泥岩，向上过渡为灰绿色泥岩，晚期水体逐渐变浅，顶部发育紫红色泥岩，为氧化环境。三角洲多期河道相互叠置，砂岩沉积厚度为 0.5~2m，自然伽马曲线由中低幅指状、扁齿化箱状向高幅钟形、箱形转化，对应沉积环境为底部三角洲外前缘亚相向上过渡为三角洲内前缘亚相，最后至顶部三角洲平原亚相（图 5-41）。

三、连井相特征

连井剖面相分析是确定饶阳凹陷蠡县斜坡沉积相横向展布和垂向演化的重要基础。考虑蠡县斜坡沙河街组物源方向，选择关键井进行连井剖面对比是进行沉积相分析必不可少的工作。综合利用测井资料和录井资料等，搭建沙河街组连井剖面 12 条。选择平行于南部物源方向剖面 2 条、斜交北部物源方向剖面 2 条、垂直南部物源方向剖面 2 条及斜交南部物源方向剖面 1 条详细解剖沉积砂体的分布。

1. 高 26—高 22—西柳 4—西柳 102—西柳 8 井连井剖面

该剖面平行于南部物源方向，显示地层主要为沙河街组一段和沙河街组二段顶部尾砂岩段（图 5-42）。由连井剖面可知，沙河街组二段顶部尾砂岩可划分为四套砂组，自底至顶分别为 C4、C3、C2、C1 砂组，砂体连续性较好，多呈现顶平底凸的分流河道砂体，其中 C4 砂组在坡折带下部与滩坝砂体共生，C3 砂组在坡折带下部较为发育，在斜坡上部发育较少，全区 C2、C1 砂组发育。自蠡县斜坡高部位向斜坡低部位，砂体含量增加，单层厚度增大，尾砂岩整体发育进积式准层序组。沙河街组一段特殊岩性段内部划分为四个砂组，各砂组主要在坡折带上部发育，坡折带下部不发育，逐步过渡为滨浅湖泥岩，滩坝砂体较为发育，厚度逐渐增加，整体发育退积式准层序组。沙河街组一段上亚段砂体主要在蠡县斜坡上部发育，连续性较好，砂体厚度比较稳定，坡折带下部在西柳地区过渡为滨浅湖泥岩，可见滩坝砂体。沙河街组一段上亚段底部发育进积式准层序组，中部发育退积式准层序组，顶部发育进积式准层序组。

2. 高 28—高 21—高 29-9—高 27—高 23—西柳 101 井连井剖面

该剖面平行于南部物源方向，显示地层主要为沙河街组一段底部和沙河街组二段顶部（图 5-43）。沙河街组二段尾砂岩可划分为四套砂组，自下而上分别为 C4、C3、C2、C1 砂组，其中 C4、C3 砂组在坡折带下部较为发育，在蠡县斜坡上部发育较少，C2、C1 砂组全

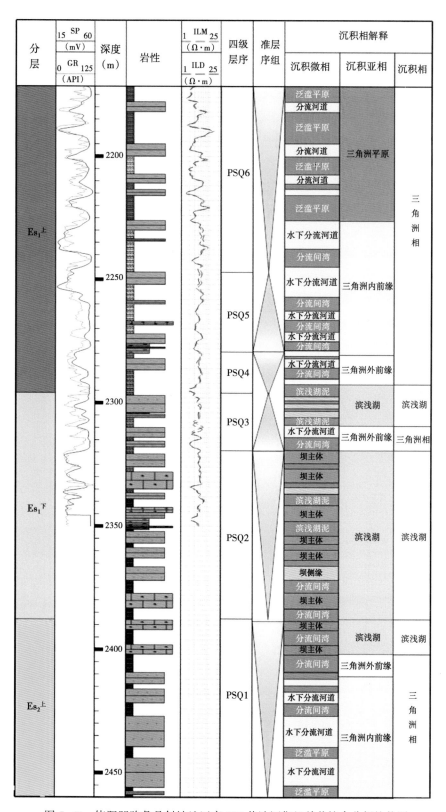

图 5-41　饶阳凹陷蠡县斜坡地区高 102 井沙河街组单井综合分析柱状图

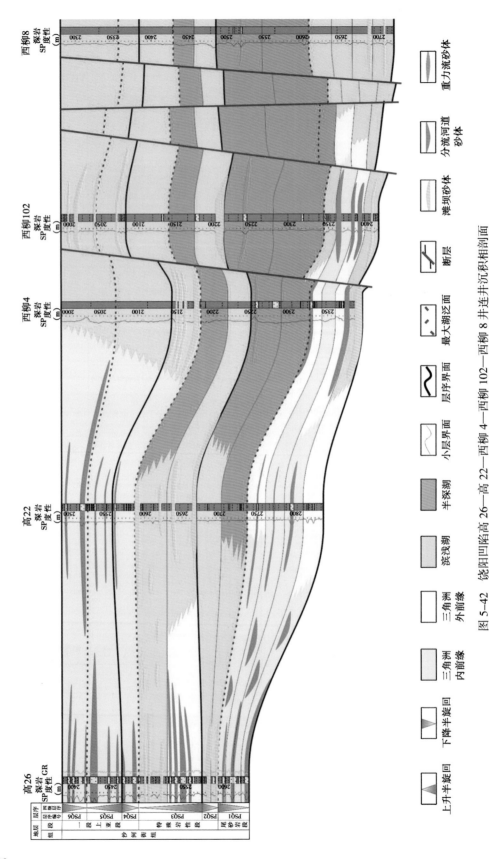

图 5-42 饶阳凹陷高 26—高 22—西柳 4—西柳 102—西柳 8 井连井沉积相剖面

82

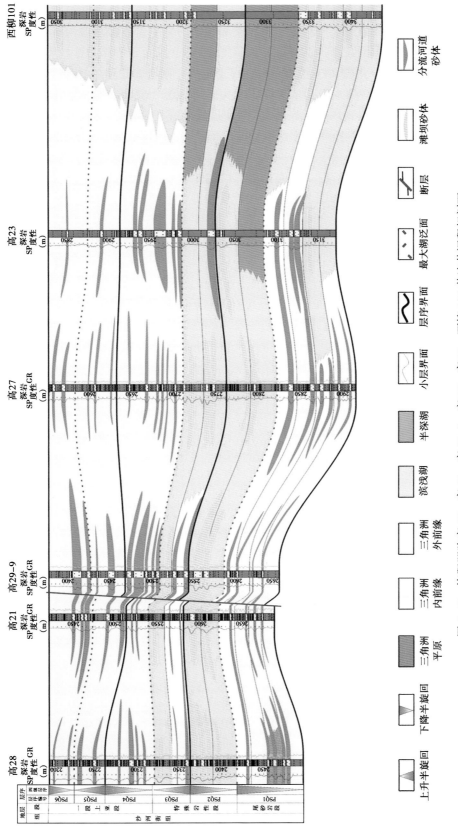

图 5-43　饶阳凹陷高 28—高 21—高 29-9—高 27—高 23—西柳 101 井连井沉积相剖面

83

区发育。沙河街组一段特殊岩性段内部划分为四套砂组，其中最顶部砂组和湖相碳酸盐岩滩坝共生发育，自岸线向盆地内部，砂岩厚度和层数均减小，逐步过渡为滨浅湖泥岩。沙河街组一段上亚段砂体不发育，仅在斜坡上部发育，坡折带下部西柳地区砂体不发育。

3. 高118—高35—西柳23—西柳10-210—西柳3—西柳2井连井剖面

该剖面斜交北部物源方向，显示地层主要为沙河街组一段和沙河街组二段顶部尾砂岩段（图5-44）。沙河街组二段尾砂岩可划分为四套砂组，砂体连续性较好，各砂组整体在坡折带上部广泛发育，在坡折带下部西柳地区发育较少，厚度减薄，其中C3、C4砂组在坡折带上部厚度较大，在坡折带下部可见薄层发育，C2砂组与滩坝砂体共同发育，C1砂组发育且连续性最好，分布最为广泛。沙河街组二段尾砂岩整体发育进积式准层序组。沙河街组一段特殊岩性段内部划分为四个砂组，主要在坡折带上部发育，在坡折带下部，逐步过渡为滨浅湖泥岩，滩坝砂体较为发育，厚度较大。沙河街组一段特殊岩性段上部发育退积式准层序组，下部发育进积式准层序组。沙河街组一段上亚段砂体在斜坡上部广泛发育，连续性较好，可见顶平底凸的分流河道砂体，从盆地边缘到盆地中心，砂体含量减少，单层厚度减薄。沙河街组一段上亚段下部发育退积式准层序组，上部发育进积式准层序组。

4. 高深1—高30—高30-44—高38—高103—高43井连井剖面

该剖面斜交北部物源方向，显示地层主要为沙河街组一段（图5-45）。相比顺物源剖面，该剖面砂岩发育程度较高，推断其切过三角洲主要的供源位置。坡折带较剖面向岸线方向移动，反映沉积时地形坡度相对南部较大。

5. 高深1—高118—高29-9—高29井连井剖面

该剖面垂直南部物源方向，显示地层主要为沙河街组一段和沙河街组二段尾砂岩段（图5-46）。砂体连续性不好，多为垂向叠置的呈顶平底凸的分流河道砂体，反映可容空间较为有限。沙河街组二段尾砂岩段自底至顶分别为C4、C3、C2、C1砂组，自蠡县斜坡高部位向斜坡低部位，砂体含量减少，单层厚度减薄，尾砂岩整体发育进积式准层序组。沙河街组一段特殊岩性段C1、C2两套砂组分布范围相对较广，在蠡县斜坡低部位砂体含量减少，单层厚度减薄，发育退积式准层序组。沙河街组一段上亚段的砂体连续性较差，多为顶平底凸的分流河道砂体，自斜坡高部位至低部位，砂体含量增加，单层砂体厚度增加，整体底部发育进积式准层序组，中部发育退积式准层序组，顶部发育进积式准层序组。

6. 高深1—高107—高27—高22井连井剖面

该剖面垂直南部物源方向，显示地层主要为沙河街组一段和沙河街组二段尾砂岩段（图5-47）。相比顺物源方向剖面，垂直物源方向剖面砂体连续性均变差，多为顶平底凸的船形砂体，砂体垂向叠置，反映较为有限的可容空间，突显了目的层段浅水三角洲沉积的特征。自蠡县斜坡高部位向斜坡低部位，砂体含量减少，单层厚度减薄。

沙河街组二段上亚段尾砂岩段可划分为四套砂组：C1、C2、C3、C4。C4和C3两套砂组在坡折带处发生上超尖灭，斜坡上部厚度较薄或不发育；C2和C1砂组分布范围相对较广，且厚度分布较稳定。沙河街组二段尾砂岩整体发育退积式准层序组，C4和C3砂组在坡折带之下较广泛发育，C2和C1砂组在坡折带之上较发育。沙河街组一段特殊岩性段可划分为四套砂组：C1（砂岩和碳酸盐岩）、C2、C3、C4。四套砂组主体位于坡折带之上，C2砂组在蠡县斜坡上部横向连续性较好。特殊岩性段C4、C3砂组整体呈进积式准层序组特征，C2、C1砂组呈退积式准层序组特征。

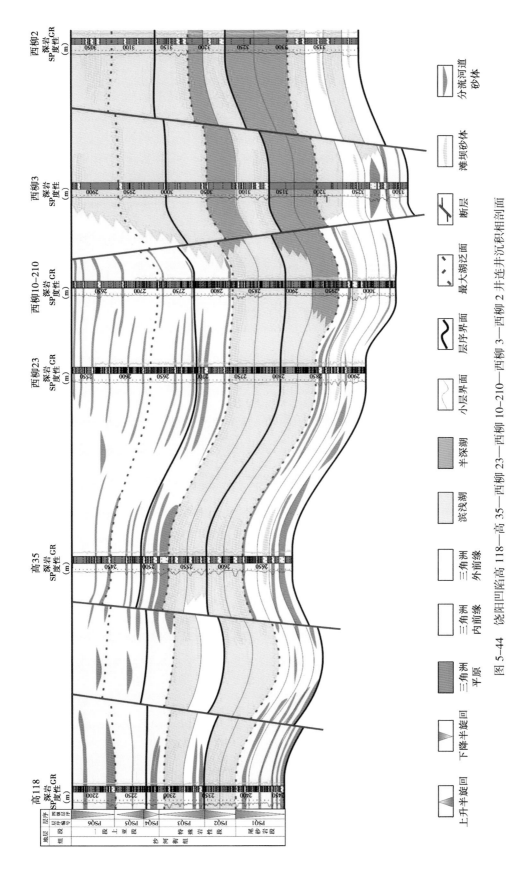

图 5-44　饶阳凹陷高 118—高 35—西柳 23—西柳 10-210—西柳 3—西柳 2 井连井沉积相剖面

图例：上升半旋回　下降半旋回　三角洲平原　三角洲内前缘　三角洲外前缘　滨浅湖　半深湖　小层界面　层序界面　最大湖泛面　断层　滩坝砂体　分流河道砂体

85

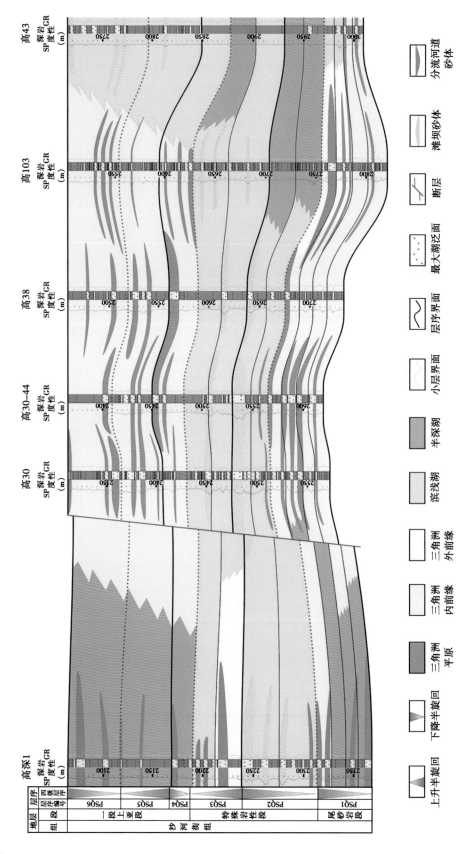

图 5-45 饶阳凹陷高深 1—高 30—高 30-44—高 38—高 103—高 43 井连井沉积相剖面

86

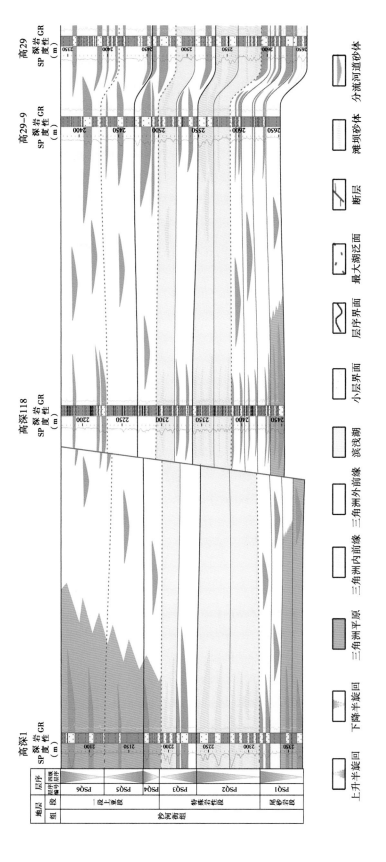

图 5–46　饶阳凹陷高深 1—高 118—高 29–9—高 29 井连井沉积相剖面

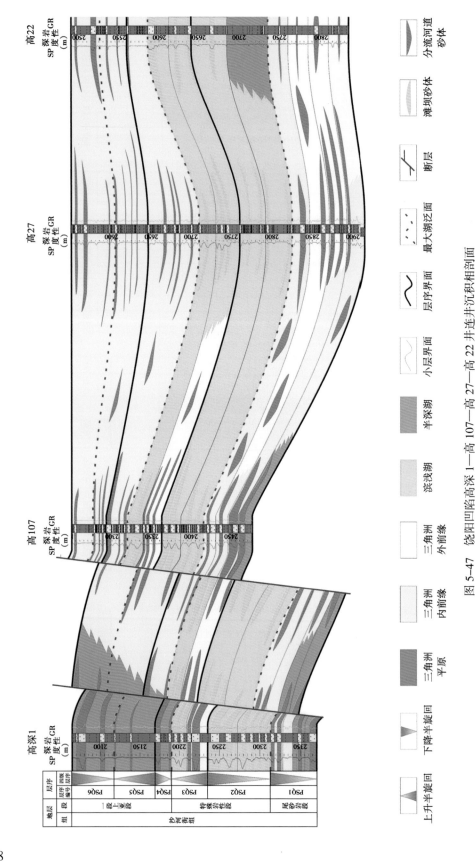

图 5-47 饶阳凹陷高深 1—高 107—高 27—高 22 井连井沉积相剖面

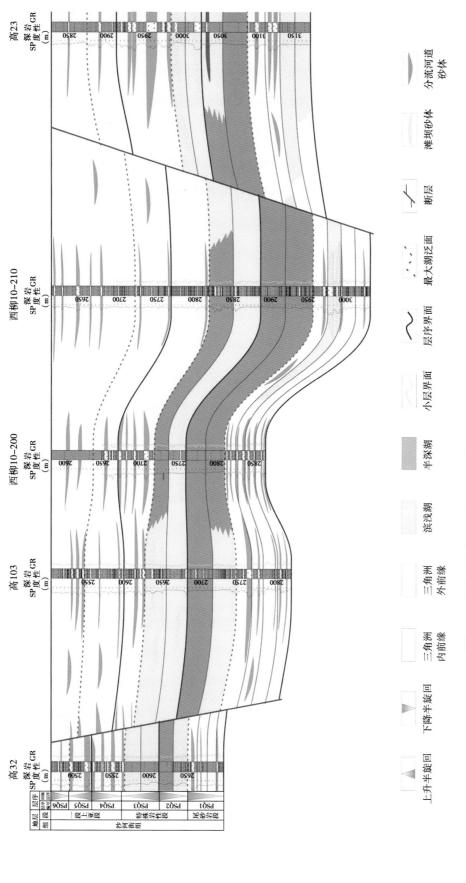

图 5-48　饶阳凹陷高高 32—高 103—西柳 10-200—西柳 10-210—高 23 井连井沉积相剖面

89

7. 高32—高103—西柳10-200—西柳10-210—高23井连井剖面

该剖面斜交南部物源方向，显示地层主要为沙河街组一段和沙河街组二段尾砂岩段（图5-48）。砂体连续性不好，单层砂体厚度变化较大，多为垂向叠置的呈顶平底凸的分流河道砂体，可容空间较为有限。沙河街组二段尾砂岩段 C4、C3、C2、C1 砂组自蠡县斜坡高部位向斜坡低部位，砂体含量增加，其中 C1 砂组厚度最大，发育最为广泛，C2 砂组在西柳地区逐渐过渡为滨浅湖，与滩坝砂体共生，C3、C4 砂组厚度较薄，在西柳地区较为发育。沙河街组二段尾砂岩整体发育进积式准层序组。沙河街组一段特殊岩性段整体为滨浅湖沉积，可见底平顶凸的滩坝砂体，下部发育进积式准层序组，上部发育退积式准层序组。沙河街组一段上亚段的砂体连续性较差，多为顶平底凸的分流河道砂体，自蠡县斜坡高部位至低部位，砂体含量减少，单层砂体厚度减薄，整体底部发育进积式准层序组，中部发育退积式准层序组，顶部发育进积式准层序组。

第六章　沉积相分布及沉积模式

第一节　沉积相分布特征

根据湖盆沉积学原理以及单井相和剖面相分析，基于大量沉积相图件的编制，确定了饶阳凹陷蠡县斜坡沙河街组沉积时期的三角洲与滩坝沉积微相特征和分布规律。

一、沙河街组二段上亚段分布特征

1. 沙河街组二段上亚段 C4 砂组

沙河街组二段上亚段尾砂岩下部 C4 砂组沉积时，自蠡县斜坡至湖盆中央，依次发育浅水三角洲平原亚相、浅水三角洲内前缘亚相和浅水三角洲外前缘亚相以及滨浅湖亚相(图6-1)。主体物源方向为西南方向，北部为次要物源方向。

地震均方根振幅属性图上可见高 30 断块具有较为明显的砂岩属性特征，高 29 井和高 104 井沙河街组二段上亚段 C4 砂组砂岩属性特征较弱。依据砂岩厚度图和地震属性平面图可知，三角洲平原亚相主要位于高 14 和高 44 断块，以厚度较薄且平面连续性较差的砂岩厚度分布为特征，为独立发育的分流河道沉积，大片区域发育棕红色—灰绿色泥质粉砂岩、粉砂质泥岩和泥岩的沼泽沉积。高 30 断块、高 29 断块、高 104 断块以及高 35 断块主体位于三角洲内前缘亚相，平面上表现为连片分布的、厚度相对较大的砂岩，以水下分流河道沉积为主，主河道位于砂体最厚的部位，砂体较薄的部位为分流间湾沉积。三角洲内前缘的远端为三角洲外前缘沉积，通常以水下分流河道的远端及席状砂沉积为特征。在滨浅湖沉积中，发育沿岸砂质滩坝，为水下低隆部位三角洲前缘河口坝被湖浪改造后沿湖岸线平行分布。

2. 沙河街组二段上亚段 C3 砂组

沙河街组二段上亚段尾砂岩 C3 砂组以浅水三角洲平原亚相、浅水三角洲内前缘亚相和浅水三角洲外前缘亚相以及滨浅湖沉积为主（图6-2）。相比 C4 砂组，C3 砂组北部物源增强，西南部主物源减弱，两侧物源共同控制三角洲沉积。在西柳工区砂岩有较大的厚度，受控于断层的影响，砂岩厚度呈北东—南西向展布。地震均方根振幅属性图上可见高 104 断块下倾方向为相对富泥的特征。依据砂岩厚度图和地震属性平面图可知，湖盆范围有所扩大，三角洲内前缘亚相范围减小较明显。两三角洲交会处，砂质滩坝较为发育，多沿岸线分布。

3. 沙河街组二段上亚段 C2 砂组

沙河街组二段上亚段尾砂岩 C2 砂组以浅水三角洲内前缘亚相和浅水三角洲外前缘亚相以及滨浅湖沉积为主（图6-3）。相比 C3 砂组，C2 砂组西南部主物源增强，北部物源逐渐减弱，斜坡沉积主要受控于西南部物源。砂岩发育主体部位为蠡县斜坡南段缓坡区带，西柳地区砂岩厚度较为异常。依据砂岩厚度图和地震属性平面图可知，湖盆范围减小，西南

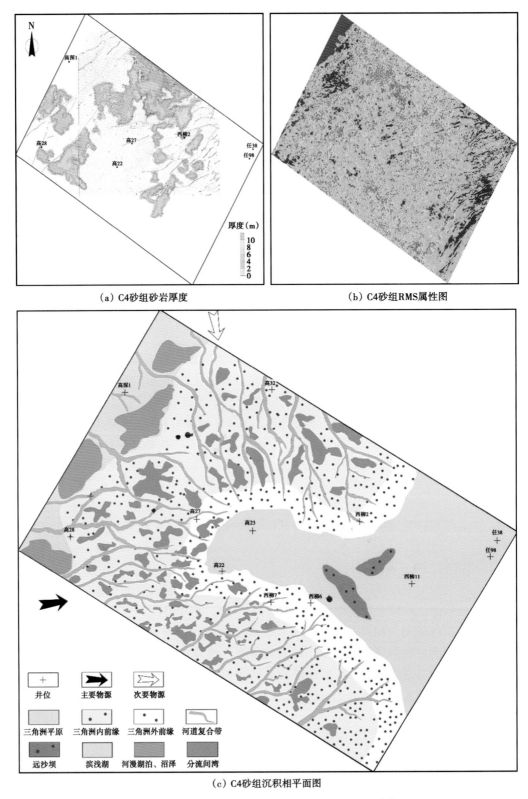

（a）C4砂组砂岩厚度　　　　　　　　　　　（b）C4砂组RMS属性图

（c）C4砂组沉积相平面图

图 6-1　饶阳凹陷蠡县斜坡尾砂岩段 C4 砂组沉积分布图

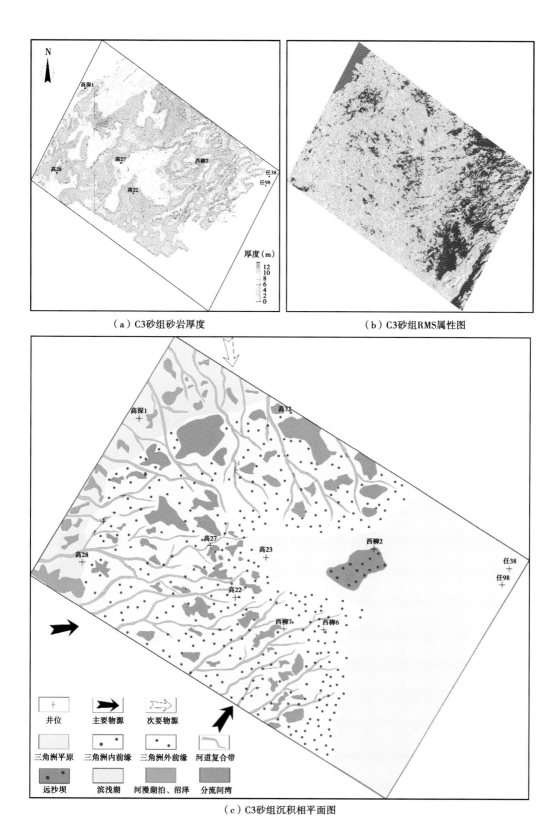

（a）C3砂组砂岩厚度

（b）C3砂组RMS属性图

（c）C3砂组沉积相平面图

图 6-2　饶阳凹陷蠡县斜坡尾砂岩段 C3 砂组沉积分布图

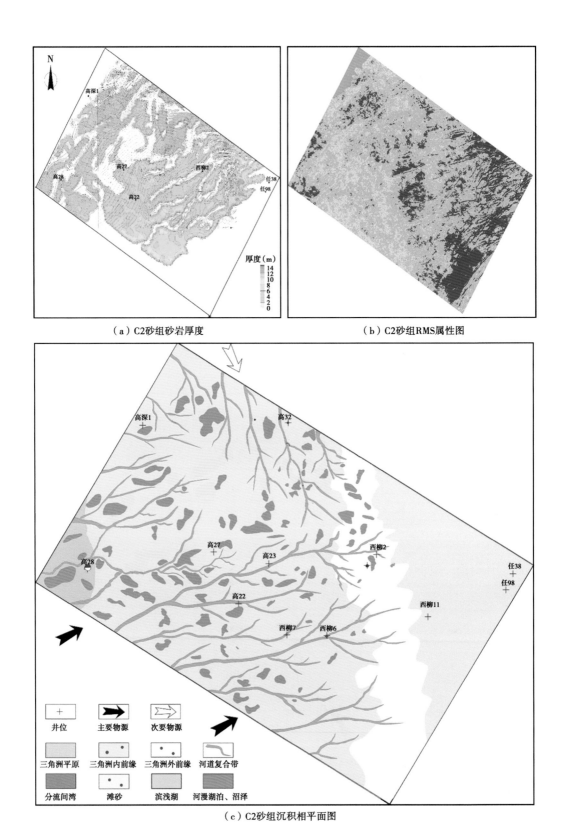

（a）C2砂组砂岩厚度

（b）C2砂组RMS属性图

（c）C2砂组沉积相平面图

图 6-3　饶阳凹陷蠡县斜坡尾砂岩段 C2 砂组沉积分布图

部受断槽输砂的影响，三角洲前缘砂体多呈线带性展布。

4. 沙河街组二段上亚段 C1 砂组

沙河街组二段上亚段尾砂岩上部 C1 砂组以浅水三角洲内前缘和浅水三角洲外前缘以及滨浅湖沉积为主（图 6-4）。相比 C2 砂组，C1 砂组西南部主物源减弱，北部物源基本消失，蠡县斜坡主要受控于西南部物源，砂岩发育主体部位为蠡县斜坡南段缓坡区带。地震均方根振幅属性图上可见西柳地区相对富泥。依据砂岩厚度图和地震属性平面图可知，湖盆范围扩大，三角洲向岸线后退，反映湖泛过程。

二、沙河街组一段下亚段分布特征

1. 沙河街组一段下亚段 C4 砂组

沙河街组一段特殊岩性段下部 C4 砂组以滨浅湖和半深湖沉积为主（图 6-5）。相比沙河街组二段尾砂岩段，沙河街组一段特殊岩性段发育大规模湖泛，三角洲沉积范围退出工区，在工区内部发育滨浅湖砂质滩坝沉积，滩砂发育范围较广，厚度较薄，主要沿高阳断层一带分布，坝砂主体沿北东方向分布（图 6-5）。

2. 沙河街组一段下亚段 C3 砂组

沙河街组一段特殊岩性段 C3 砂组以滨浅湖和半深湖沉积为主（图 6-6）。相比尾砂岩段，特殊岩性段发育大规模湖泛，三角洲沉积范围退出工区。C3 砂组相比 C4 砂组湖盆范围缩小，滩坝向湖盆中心方向移动，滩坝沉积范围相对扩大，并在西柳 104 井区发育重力流砂体。

3. 沙河街组一段下亚段 C2 砂组

沙河街组一段特殊岩性段 C2 砂组以三角洲内前缘、三角洲外前缘和滨浅湖沉积为主（图 6-7）。相比 C3 砂组，C2 砂组发育湖退沉积，三角洲向湖盆中心方向移动，三角洲内前缘主体位于高阳断层地区，三角洲外前缘在斜坡南部范围相对北部较宽，湖岸线向北部更靠近工区西缘。在滨浅湖发育砂质滩坝，滩砂范围较大，坝砂沿三角洲前缘呈长条带分布。

4. 沙河街组一段下亚段 C1 砂组

沙河街组一段特殊岩性段上部 C1 砂组以滨浅湖和半深湖沉积为主（图 6-8）。相比 C2 砂组，C1 砂组湖盆再次扩张，三角洲向岸线方向退出研究区。砂质滩坝分布范围较广，滩砂范围较大，坝砂沿湖岸线呈带状、团状分布，展布方向为北西向，与下部砂组滩坝砂体展布方向不一致，究其原因，沉积、沉降中心向北迁移，造成湖岸线方向转变，滩坝砂体随之变化展布方向。

5. 沙河街组一段下亚段 C1 碳酸盐岩层

沙河街组一段特殊岩性段 C1 碳酸盐岩层以滨浅湖和半深湖沉积为主（图 6-9）。C1 碳酸盐岩层湖侵范围最广，基于 C2 砂组及之前砂组形成的水下隆起，在宽缓的斜坡背景下主体发育碳酸盐岩滩坝沉积。靠近湖盆方向，主体发育生屑灰岩，由于水体动荡带来丰富的营养物质，生物较为发育，生物贝壳在湖浪作用下沿湖岸线堆积。靠近岸线方向发育鲕粒灰岩，陆源碎屑供给较少，在水清水浅水动荡的环境下发育薄层鲕粒灰岩。生屑灰岩和鲕粒灰岩滩坝整体沿岸线展布，与 C1 砂组砂岩滩坝展布方向相同，砂质滩坝发育部位和碳酸盐岩滩坝发育部位互补。

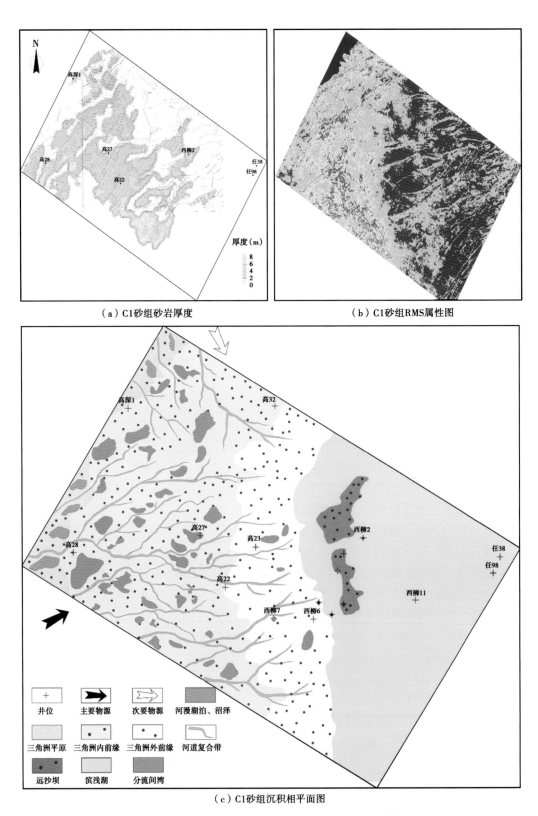

（a）C1砂组砂岩厚度

（b）C1砂组RMS属性图

（c）C1砂组沉积相平面图

图 6-4　饶阳凹陷蠡县斜坡尾砂岩段 C1 砂组沉积分布图

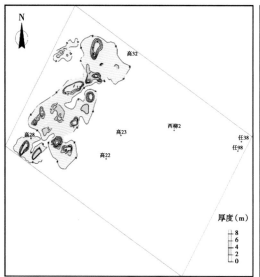

（a）C4砂组砂岩厚度图

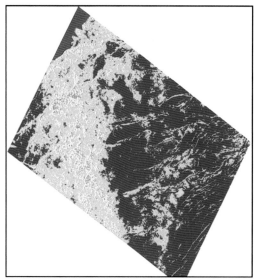

（b）C4砂组RMS属性图

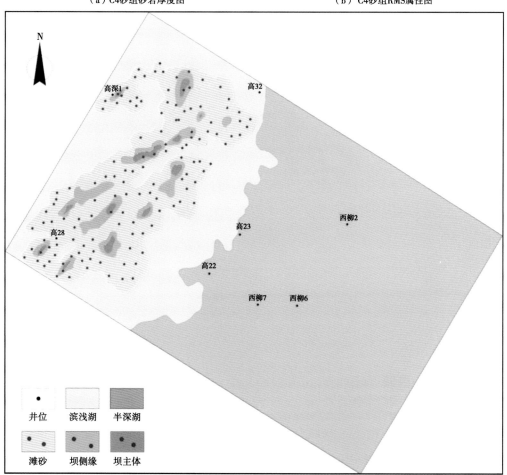

（c）C4砂组沉积相平面图

图6-5　饶阳凹陷蠡县斜坡沙河街组一段特殊岩性段C4砂组沉积分布图

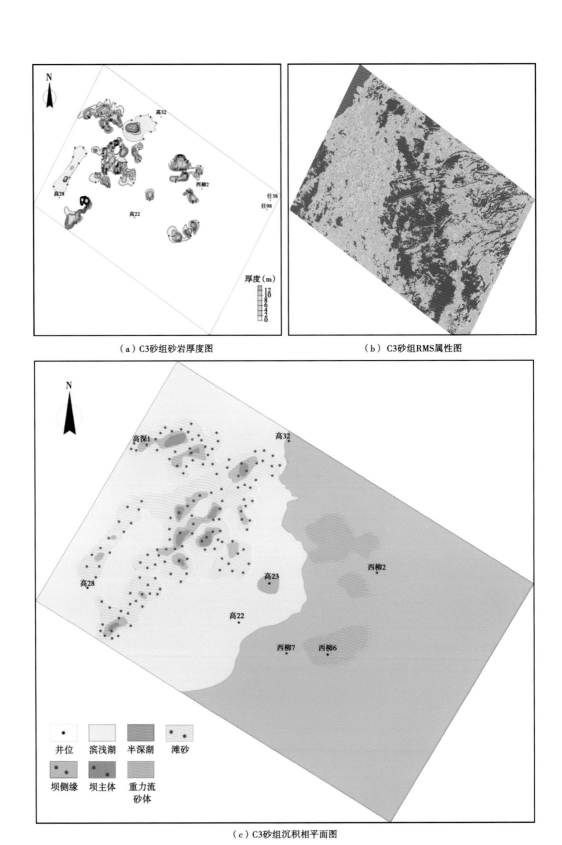

（a）C3砂组砂岩厚度图

（b）C3砂组RMS属性图

（c）C3砂组沉积相平面图

图6-6　饶阳凹陷蠡县斜坡沙河街组一段特殊岩性段C3砂组沉积分布图

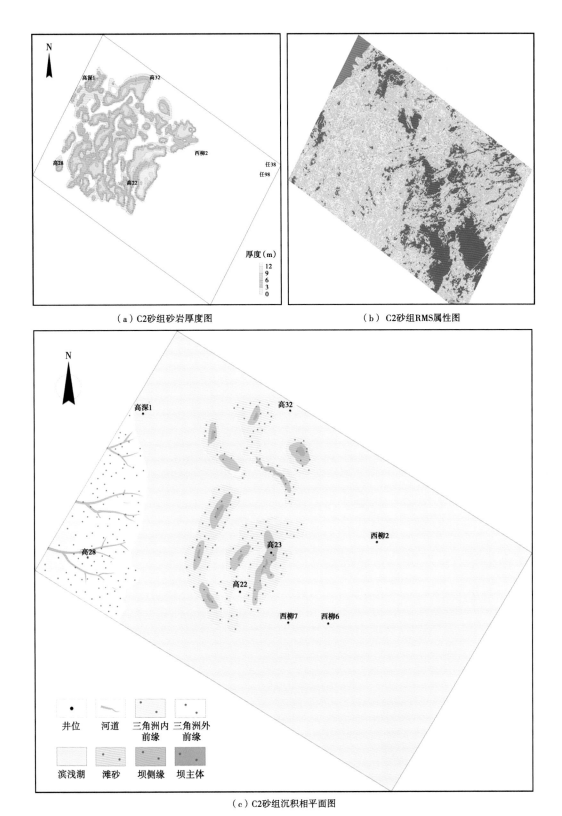

（a）C2砂组砂岩厚度图

（b）C2砂组RMS属性图

（c）C2砂组沉积相平面图

图6-7　饶阳凹陷蠡县斜坡沙河街组一段特殊岩性段C2砂组沉积分布图

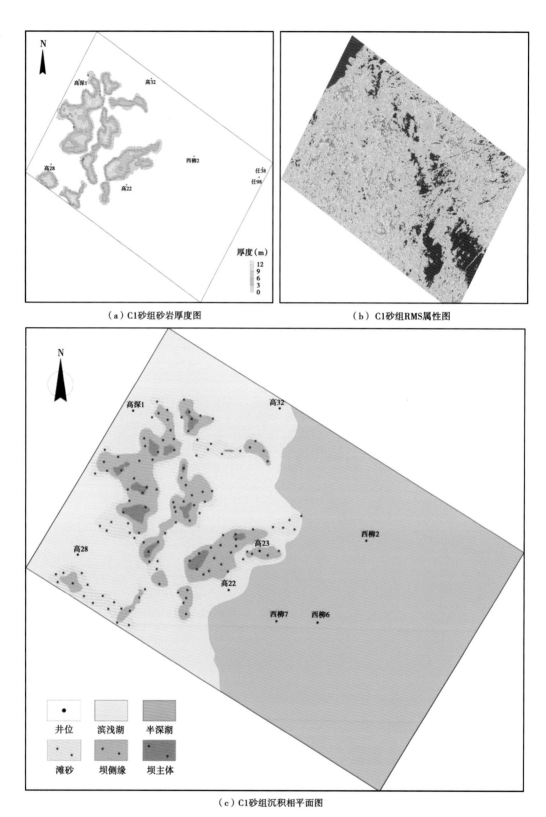

（a）C1砂组砂岩厚度图

（b）C1砂组RMS属性图

（c）C1砂组沉积相平面图

图6-8 饶阳凹陷蠡县斜坡沙河街组一段特殊岩性段C1砂组沉积分布图

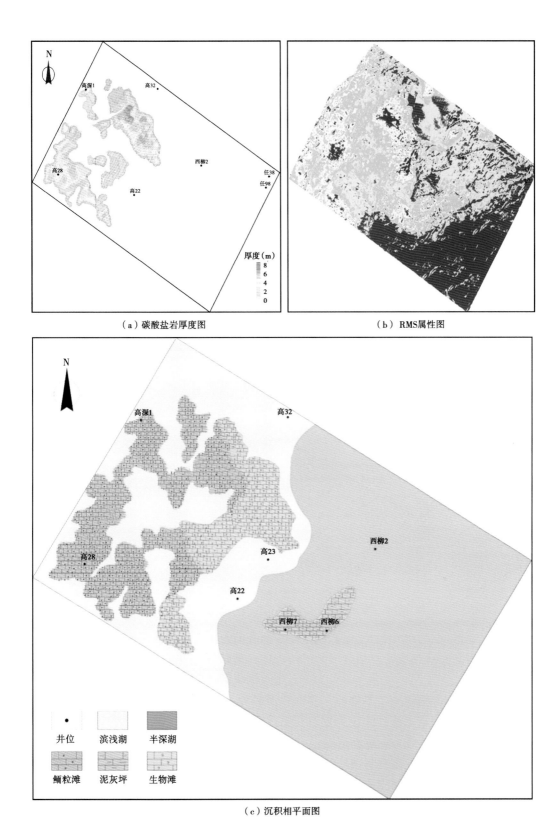

（a）碳酸盐岩厚度图

（b）RMS属性图

（c）沉积相平面图

图 6-9　饶阳凹陷蠡县斜坡沙河街组一段特殊岩性段 C1 碳酸盐岩沉积分布图

第二节　沉积相演化及沉积模式

基于饶阳凹陷沙河街组二段尾砂岩段和沙河街组一段特殊岩性段四套砂组平面沉积相分布特征，明确了纵向上沙河街组一段下亚段特殊岩性段和沙河街组二段上亚段尾砂岩段沉积演化规律。以下分别描述沙河街组二段尾砂岩段和沙河街组一段特殊岩性段沉积相演化特征。

一、沙河街组二段尾砂岩段

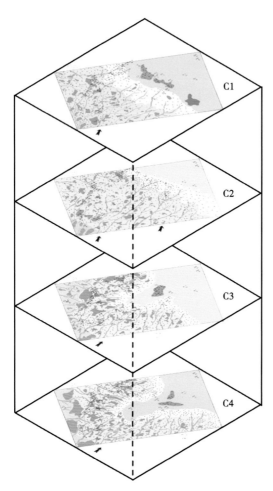

图6-10　饶阳凹陷蠡县斜坡沙河街组二段
尾砂岩段沉积相纵向演化

饶阳凹陷蠡县斜坡沙河街组二段上亚段尾砂岩段可划分为四个砂组，自下而上为C4、C3、C2和C1砂组，尾砂岩段主体以浅水三角洲沉积为特征，每一个砂组沉积亚相分布范围有所不同。同时，由于不同时期供源作用的变化，蠡县斜坡尾砂岩沉积时期，沉积类型和分布特征也发生相应变化（图6-10）。

饶阳凹陷蠡县斜坡沙河街组二段上亚段尾砂岩C4—C2砂组沉积时期，浅水三角洲整体靠近湖盆，高28井沉积序列自下而上可以划分出三角洲平原、三角洲内前缘、三角洲外前缘和滨浅湖沉积亚相，反映三角洲逐渐向湖盆中央推进的过程。自下而上，研究区西南部物源供给一直增强，反映三角洲向湖盆推进距离和分布范围一直增大；北部物源三角洲供源强度逐渐减小，沉积范围渐小；三角洲外前缘砂体受到湖浪改造，形成薄层的席状砂。C4、C3砂组砂质滩坝沉积主要平行于三角洲外前缘，此时湖浪能量较强，湖岸线呈凹凸状；C2砂组沉积时期湖浪能量减弱，三角洲物源供给增强，在三角洲外前缘由于滑塌作用形成少量重力流沉积体，其延伸方向为三角洲推进方向。C1砂组沉积时，三角洲沉积范围较小，三角洲平原亚相消失，西南部物源为主要物源，北部物源较弱，湖盆沉积中心由研究区东南部向北部迁移，三角洲前缘重力流砂体较为发育。整体上，沙河街组二段尾砂岩段自下至上发育湖泛沉积，三角洲向岸线方向逐渐退缩。

综上所述，饶阳凹陷蠡县斜坡沙河街组二段上亚段尾砂岩段沉积时期，发育西南为主、北部为辅两个物源体系，其中西南部物源体系发育两个浅水三角洲，北向物源体系发育一个浅水三角洲；受控于古地形坡度，南部地形宽缓，三角洲具有宽广的内前缘，狭窄的外前缘，前三角洲发育浊积扇；北部地形窄陡，三角洲沉积范围较小，具有狭窄的内、外前缘，前三角洲具有土豆状砂质碎屑流（图6-11）。

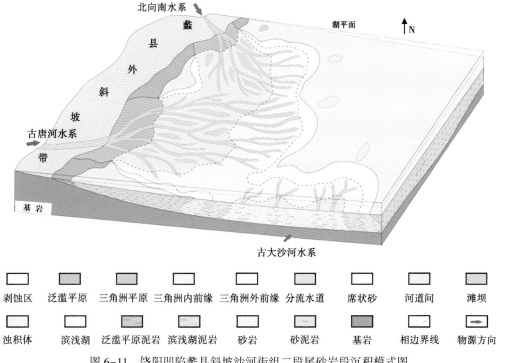

图 6-11　饶阳凹陷蠡县斜坡沙河街组二段尾砂岩段沉积模式图

二、沙河街组一段特殊岩性段

饶阳凹陷蠡县斜坡沙河街组一段特殊岩性段主体划分为四套砂组，自下而上为 C4、C3、C2 和 C1（砂质滩坝和碳酸盐岩滩坝）砂组，特殊岩性段以滨浅湖和半深湖沉积的湖相滩坝为整体特征，每一个砂组沉积亚相分布范围有所不同（图 6-12）。以高 28 井为例，高 28 井 C4 和 C3 砂组以滨浅湖碎屑岩滩坝沉积为主，进入 C2 砂组沉积时期，三角洲重新进入工区，整体反映 C4 至 C2 砂组湖退体系域；高 28 井 C1 砂组沉积时期，湖平面迅速扩张，三角洲退出研究区，并在高阳、大百尺断层一线发育碳酸盐岩和碎屑岩混积滩坝，整体反映 C2 至 C1 砂组湖进体系域的特征。

蠡县斜坡沙河街组一段特殊岩性段下部 C4 和 C3 砂组沉积时期，整体以砂质滩坝为沉积特征，平行于湖岸线延伸方向。C2 砂组为特殊岩性段中部偏上发育的一套砂体，整体以三角洲内前缘和外前缘沉积为主，发育少量砂质滩坝。上部 C1 砂组沉积时期，砂质滩坝和碳酸盐岩滩坝混合沉积。C1C 发育碳酸盐岩滩坝沉积，整体上靠近湖盆发育生屑灰岩，靠近岸线的缓坡地带发育鲕粒灰岩，C1S 发育砂质滩坝沉积。砂质滩坝和碳酸盐岩滩坝间隔发育，反映水下低隆部位发育鲕粒灰岩，水下相对低处沉积砂质滩坝，砂质滩坝多为混积岩。整体上，自下而上，特殊岩性段 C4—C2 沉积时期为湖退沉积过程，三角洲逐渐向湖盆推进，C2—C1 沉积时期为湖泛沉积过程，三角洲退出研究区。

综上所述，饶阳凹陷蠡县斜坡沙河街组一段下亚段特殊岩性段主体发育砂质滩坝、碳酸盐岩滩坝，后期湖泛达到最大；滩坝平行湖岸线分布，自岸线向湖盆中心，依次发育砂质滩坝—鲕粒、生物碎屑滩坝—泥灰坪沉积（图 6-12、图 6-13）。

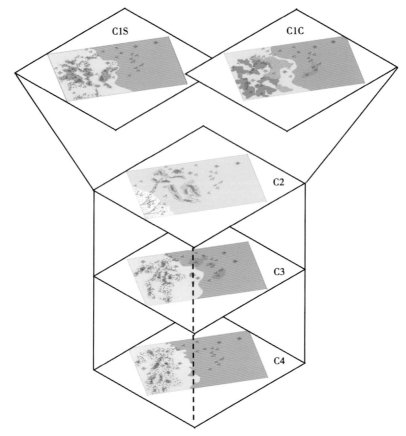

图 6-12　饶阳凹陷蠡县斜坡沙河街组一段特殊岩性段沉积相纵向演化

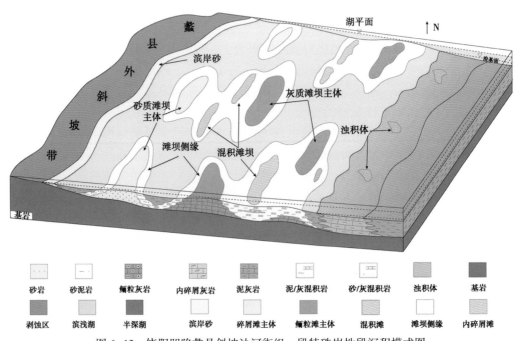

图 6-13　饶阳凹陷蠡县斜坡沙河街组一段特殊岩性段沉积模式图

第七章　地震沉积学研究及应用

第一节　地震沉积学概念及原理

地震沉积学是在地震地层学和层序地层学基础上发展起来的一门新兴交叉学科，该术语最早由曾洪流教授提出。他和 Backus、Henry 等（1998）在《Geophysics》上发表利用地震资料制作地层切片的论文，首次使用了"地震沉积学"一词，认为地震沉积学是利用地震资料来研究沉积岩及其形成过程的一门学科。后来，曾洪流和 Hentz（2004）定义地震沉积学为"用地震资料研究沉积岩和沉积作用"的地质学科，即通过地震岩性学（岩性、厚度、物性和流体等特征）、地震地貌学（古沉积地貌、古侵蚀地貌、地貌单元相互关系和演变及其他岩类形态）的综合分析，研究岩性、沉积成因、沉积体系和盆地充填历史的学科（曾洪流，2011）。

众所周知，用地震资料研究地层学和沉积学受制于地震分辨率。普遍接受的垂向分辨率概念是四分之一子波波长（Sheriff，2002），这也是肉眼能识别的单个地震同相轴的最小厚度；单个地震同相轴的最大厚度约为二分之一子波波长。

在盆地尺度（或含矿区带尺度，地层单元厚度大于 50m 或大于 2~3 个同相轴厚度），传统的地震地层学相面法，或用肉眼观察地震剖面反射特征的方法很适用，地层学研究可在地震层序格架内进行，而沉积学信息可用地震相分析获得。但在储层尺度（或砂体尺度，地层单元厚度小于 50m，特别是小于一个同相轴厚度），则情况相当不同，地震地层学相面法不再适用，必须寻找新的解释方法和手段。随着三维地震勘探技术的快速发展，包含地震岩性学、地震地貌学的地震沉积学应运而生。

地震沉积学的基本思路是根据钻井地质研究成果及地震解释建立三维等时地震地层格架，基于沉积砂体宽度大于厚度的特点，利用地震反射横向分辨率识别沉积范围大的砂体优势，优选地震反射参数，根据线性内插原理对三维地震资料进行等时地层切片处理，获取地层切片数据库。该数据库既可制作沉积历史电影，又可与岩心观测和测井曲线建立联系，与储层岩性、岩相挂钩，用于储层预测（图 7-1）。

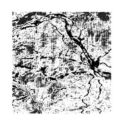

（a）三角洲分流平原　（b）海岸冲积平原　（c）曲流河平原　（d）潮坪和潮汐三角洲　（e）大陆坡浊积扇
（美国墨西哥湾）　（美国墨西哥湾）　　（非洲）　　　　（泰国）　　　　（美国墨西哥湾）

图 7-1　地层切片显示的几种典型沉积体系图像（据曾洪流，2003）

第二节　地震沉积学关键技术

一、90°相位转换技术

用地震振幅指示岩性一直是地震地质解释的重要目标（Zeng 和 Backus，2005）。众所周知，地震薄层存在振幅调谐现象，而且，波形和振幅是地震相位谱的函数。

标准地震资料处理通常提供零相位地震资料。零相位地震资料的解释优点包括子波对称性、中心波瓣（最大振幅）对应反射界面，以及更高的分辨率。但是，这些优点只有当地震反射来自单一反射界面（如海底、重要不整合面、厚层块状砂岩的顶面等）时才成立（图 7-2a、b、c）。

从一厚层砂岩波阻抗模型（图 7-2a），观察到当砂岩厚度大于一个波长时，砂岩顶、底皆对应对称波形（图 7-2b）。但当砂岩厚度小于一个波长（图 7-2d）时，反射波形完全不同：砂层对应的是一波峰—波谷组合，其中心过零点（图 7-2e）。虽然仍可通过测量峰—谷传播时间或峰—谷振幅的方法估算砂层厚度，但地震振幅（极性）却不是岩性（砂岩和页岩）的唯一指示。因为地震同相轴不与岩层几何形态吻合，解释人员很难将岩性测井曲线（波阻抗曲线）与地震资料直接连接，尤其是当多个薄层在地层中同时存在时。这些问题可使用 90°地震子波来解决（图 7-2f）。相对于地震薄层，地震同相轴对称于砂层，地震波极性（该例为负极性）指示岩性。这些改进将大大改善野外地震资料的沉积学解释。

对于饶阳凹陷蠡县斜坡而言，沙河街组一段特殊岩性段和二段尾砂岩段均为薄储层，厚度小于四分之一波长（小于几十米）。所以，如果想用地震波直接追踪岩性（砂岩和泥岩），可选用 90°相位地震剖面。尽管研究区三维地震资料主频较低，资料处理质量尚有改进空间，但 90°相位地震资料仍能提供更好的砂组岩性对比结果及更可靠的层序地层学解释。

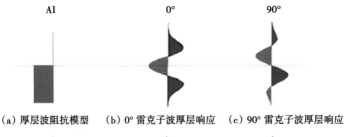

（a）厚层波阻抗模型　　（b）0° 雷克子波厚层响应　　（c）90° 雷克子波厚层响应

（d）薄层波阻抗模型　　（e）0° 雷克子波薄层响应　　（f）90° 雷克子波薄层响应

图 7-2　不同相位子波对不同厚度地层的响应特点（据曾洪流，2005）
注意对称与反对称关系随子波和地层厚度的变化

二、同相轴等时化处理技术

地震反射到底在多大程度上与地质界面平行，仍然是一个有争议的问题。越来越多的人已经认识到，取决于不同的地震地质条件，有些地震反射是等时的，而有些地震反射是穿时的。曾洪流等（2003）用地质、地震模型和实际地震资料证明，大多数地震反射的等时性实际上是随地震资料频率的变化而变化的。一般而言，地震波频率较高时反射的等时性变好。因而用人工干预改变地震资料频率的方法可以帮助确定等时地层界面。

地震沉积学研究成功的关键在于能够在地质等时面（沉积界面）上提取地震参数，用于研究平面地震地貌的沉积学意义（Zeng 等，1998）。但由于研究区岩性、岩相变化复杂，用地震同相轴直接追踪高频层序中的地质等时界面并不可靠，用传统追踪同相轴方法所作层位切片，很易穿时，造成多个穿时砂体叠合成图，振幅模式不易解释。为克服该困难，采用地震资料等时化处理软件，用于对地震资料进行预处理。用处理后的资料追踪等时界面，可使追踪的重要地层界面等时性更为可靠。利用这些界面控制地层切片的制作，将使地层切片质量大大提高。

三、地层切片技术

地震沉积学的关键技术主要是地层切片，地层切片是盆地分析和储层描述中一个有用的新办法，它使沉积相成图工作变得比较简单，并极大地减少了穿时问题，特别适合楔形沉积层序的分析。地层切片反映的是地质时间界面（沉积界面）上的地震属性，该技术之所以被称为地层切片，是因为真实的地震模型和三维地震解释都表明地层切片最贴近地质时间界面（地层界面）。

使用沿层地震成像方法可从三维地震资料中提取高分辨率、具有类似卫星图片效果的沉积体系图像。自 20 世纪 90 年代以来，大量研究显示地震地貌学是沉积成像的一个强有力工具（Zeng 等，1995，1996，1998，2004；Posamentier 等，1996，2000，2001，2002；Kolla 等，2001；Carter，2003）。地震地貌学成像的一个关键条件是解释人员能够在沉积界面（地质时间界面）上提取地震信息，以获取整个地震测网内的沉积体系图像。符合该条件的地震平面显示被称为地层切片（Zeng，1994）。

若一沉积体系表现为地震振幅或结构异常，如许多现代海底峡谷和海底浊积扇，厚层泥岩中的水下河道—堤坝体系等，等时界面容易提取，地层切片的制作并不困难。但若三维地震数据体内很少有地震振幅或结构异常，等时界面的解释非常困难，地层切片的制作将是一个挑战。其原因是若无密集钻井资料控制，在不连续的地震反射中人工追踪同相轴可能会出现显著的对比误差。而且，当在一套地层中连续制作多个切片时，该误差将是累积性的，会给解释造成困扰。为避免该现象，切片的制作必须遵循一定规则，以消除人工对比不连续反射同相轴的不确定性。目前能用的切片方法包括时间切片、沿层切片以及地层切片（Zeng，1994，1995，1998）或等分切片（Posamentier 等，1996）。为达到最佳效果，解释者必须根据具体的构造和地层条件选择合适的方法（图 7-3）：

（1）若地层是席状的并且是水平的，使用时间切片即可。

（2）若地层是席状的但不是水平的，可使用沿层切片。

（3）若地层既不是席状的也不是水平的，应使用地层切片。

许多地震解释软件（如 Landmark、GeoQuest 等）都有时间切片和沿层切片功能。但制作和解释地层切片需要使用特殊软件，在地震波传播时间域或相对地质时间域制作和优化系列切片，并与测井曲线连接对比。本书使用的是中国地质放大镜软件（Geoscope）。

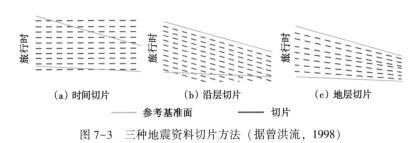

图 7-3　三种地震资料切片方法（据曾洪流，1998）

第三节　地震沉积学工作流程

一、等时地层格架的建立

建立高质量等时地层格架是地震沉积学研究成功的关键。对饶阳凹陷蠡县斜坡古近系东营组和沙河街组 T_2、T_3、T_4、T_4^1、T_4^2、T_4^3 和 T_5 共计 7 个地震层位进行追踪闭合，分别对应于东营组二段、三段，沙河街组一段上亚段、特殊岩性段和二段底部地层边界。这些地震层位均为可在全区追踪的标志层，表现了产状不随地震频率变化和地质等时的特点。为了增强地震沉积学的研究效果，在重点层位沙河街组二段尾砂岩段和一段特殊岩性段进行 4×4 网格密度追踪对比，并在特殊岩性段内部插入地层界面 T_4^2，以便更好地进行特殊岩性段顶部碳酸盐岩滩坝的刻画。

二、地震相位转换

通过测井、录井和岩心观察可知，饶阳凹陷蠡县斜坡目的层段岩性主要为砂质泥岩和泥质砂岩，单砂岩厚度最厚不超过 20m，与泥岩不等厚互层。根据研究区地震分辨率可知，研究层段沙河街组（2000~3000ms）地层速度约为 4000m/s，对应的调谐厚度为 30m（$\lambda/4$）。因此，研究区沙河街组砂岩层属于地震意义上的薄层（单层厚度小于 $\lambda/4$）。

如前所述，由于所提供地震资料并非 90° 相位资料，因此无法把地震剖面与岩性地层直接对应起来，不便于地震解释。首先对所提供的地震资料相位进行估算。基于高 102、高 108、高 114、高 30 等 7 口井时深关系，采用多道扫描的方法进行相位估算，通过 Hilbert 变换对地震相位进行扫描，定义一个相位角步长，用不同的相位移量对地震记录进行校正，采用最大方差模准则或者是 Parssimony 判断准则来求取最佳的相位移量，该方法通过地质放大镜软件实现。分析显示，研究区地震资料的原始相位约为 8.4°（图 7-4），把原始地震资料转换成 -90° 相位资料，就能很好地建立起岩性与地震反射同相轴之间的对应关系。

由饶阳凹陷蠡县斜坡地区过高 26 井的地震剖面可知（图 7-5），在原始相位地震剖面上，相同波阻抗的同一种岩性与地震反射同相轴之间没有直接的对应关系或对应关系不好

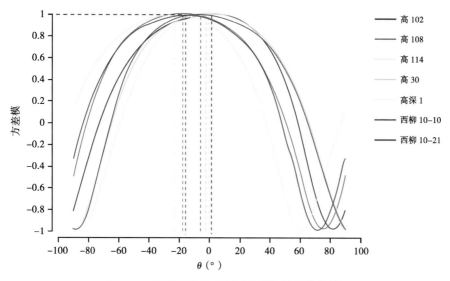

图 7-4　饶阳凹陷蠡县斜坡地震初始相位估算

（图7-5a）；在调整后的-90°相位剖面上，所钻遇的砂体几乎都对应于地震波峰（黑色同相轴），泥岩均对应于地震波谷（红色同相轴）（图7-5b）。显然，将地震资料调整到90°相位之后，地震反射同相轴具有一定的岩性地层意义，进而提高了地震剖面的可解释性，也为后面地层切片的地质解释提供了依据。

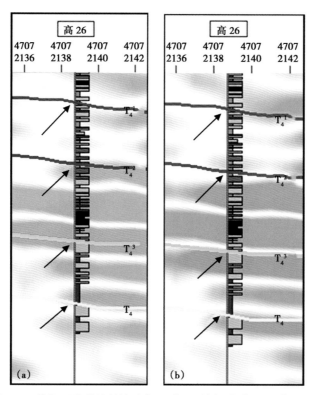

图 7-5　饶阳凹陷蠡县斜坡过高26井地震剖面相位调整效果对比

三、地层切片制作

地层切片处理使用中国 Rockstar 公司的地质放大镜软件包。首先,假定地层内部无角度不整合,沉积物堆积速率在横向上是线性变化的,则切片处理应遵循线性内插的地层切片原理。在古近系 T_2 至 T_5 之间,以两两界面为边界,对沙河街组二段尾砂岩段(100 张)、沙河街组一段特殊岩性段(200 张)、沙河街组一段上亚段(100 张)、东营组三段(100 张)制作地层切片,共得到 500 张地层切片,单张切片代表地层沉积厚度间隔为 0.5~4m。

以沙河街组二段上亚段尾砂岩段四个砂组为研究对象,共产生了 100 张地层切片,平均每个砂组对应 25 张地层切片,代表厚度为 15~20m(图 7-6)。这种过度采样实际上是有用的,有助于为每个砂组选择最有代表性的地层切片。选定结果为每个砂组对应 1 张典型地层切片。这些地层切片大致是沿地震波峰制作的,代表砂组中的主要含砂层位,它们对各砂组的沉积相分析及储层评价起主要作用。其余大量切片可用于寻找主砂体之间的小砂体,以及观察沉积体系的纵向结构和演化。

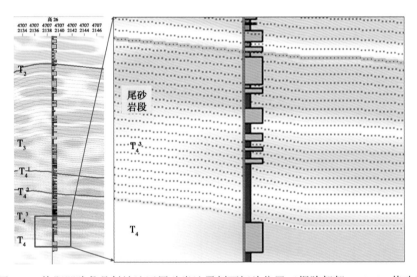

图 7-6 饶阳凹陷蠡县斜坡地区尾砂岩地震剖面切片位置(据陈贺贺,2015,修改)

第四节 典型地层切片解释

为了更好地揭示饶阳凹陷蠡县斜坡沙河街组和东营组沉积特征及砂体展布形态,在沙河街组二段尾砂岩段和沙河街组一段特殊岩性段选取了 4 张形态较好、具有一定代表性的切片进行更加精细的解释。下面对沙河街组二段尾砂岩地层切片 Seismic Slice 1(简称 ss1)、Seismic Slice 91(简称 ss91),沙河街组一段特殊岩性段地层切片 Seismic Slice 6(简称 ss6)、Seismic Slice 189(简称 ss189)进行介绍。

一、浅水三角洲相地层切片解释

沙河街组二段上亚段尾砂岩段为典型的浅水三角洲沉积体系。基于层序界面 T_4^3 与 T_4,在其时窗内切出地层切片 100 张,平均每 25 张对应一个砂组。现选取 ss1 和 ss91 切片进行详细解释,它们分别对应沙河街组二段尾砂岩 C1 和 C4 砂组。

在沙河街组二段尾砂岩彩色地层切片 ss1 上，可以看到三角洲不同相带的振幅分界，大致方向为南西—北东向，反映三角洲向东北湖区推进的特征，它们是三角洲沉积最有力的证据（图 7-7）。自蠡县斜坡西南向东北方向，振幅呈现规律性的强振幅、中强振幅、弱振幅变化，且通过顺物源方向多井格架剖面标定可知，振幅与岩性存在较好的对应关系，可用于观察地层切片上各井点的含砂情况。一般而言，砂岩厚度与振幅（采样点或 RMS）有正比关系：强振幅对应多砂，弱振幅对应贫砂。例如高 28 井、高 29 井、高 104 井沙河街组二段尾砂岩在地层切片的位置均发育富砂沉积，高 23 井转变为薄层砂岩，西柳 2 井和西柳 5 井切片对应井段为泥岩（图 7-8），即地层切片上红—黄色特征代表强振幅富砂沉积，蓝色代表弱振幅贫砂沉积。

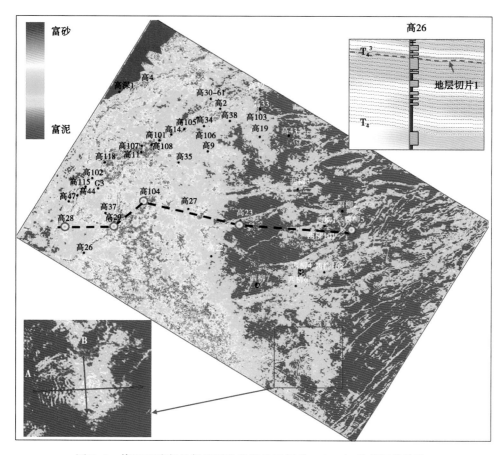

图 7-7　饶阳凹陷蠡县斜坡尾砂岩段地层切片 1（ss1）及其切片位置

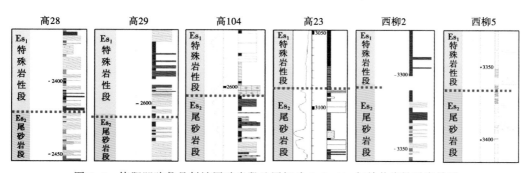

图 7-8　饶阳凹陷蠡县斜坡尾砂岩段地层切片 1（ss1）与单井岩性对应关系

在沙河街组二段尾砂岩段地层切片 ss1 东南方向，发育有片状指纹条带反射特征，在顺物源方向与垂直物源方向的反演剖面上（图 7-9），能看到顺物源方向剖面反演砂体呈挤压变形状，垂直物源方向剖面反演砂体挤压程度较低，因此推测其为小型块状滑塌复合体（Mass—Transport Complex），斜坡下部重力流相关储层潜力巨大。

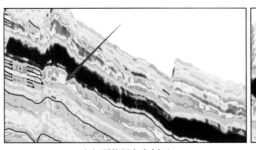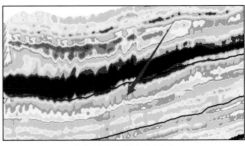

（a）顺物源方向剖面　　　　　　　　　　　　（b）垂直物源方向剖面

图 7-9　过饶阳凹陷蠡县斜坡尾砂岩段地层切片 1（ss1）MTC 反演剖面

综合上述沙河街组二段地层切片细节特征，最终得出沙河街组二段尾砂岩段地层切片 ss1 解释图（图 7-10），其亚相边界及三角洲形态与沙河街组二段尾砂岩 C1 砂组沉积相图类似，但其细节刻画（分流间湾沉积微相）更为清晰，能更好地提供单期三角洲砂体连续

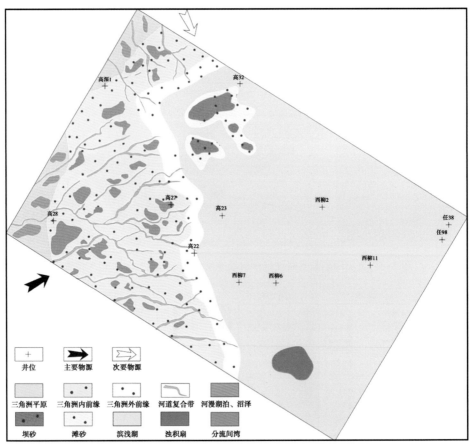

图 7-10　饶阳凹陷蠡县斜坡尾砂岩段地层切片 1（ss1）综合解释图

性及其展布特征等信息。

在沙河街组二段尾砂岩地层切片 ss91 彩色切片上，见到较大范围的黄绿色振幅反射特征（图 7-11），反映其发育相对较薄层的砂体。通过对切片细节的仔细识别，不难发现研究区西北部三角洲前缘部位发育顺物源方向间隔变化的振幅特征（图 7-12），认为其为三角洲前缘水下分流河道与分流间湾分布组合特征。通过垂直西北物源方向的井剖面高 27—高 106—高 103—高 43 井，单井岩性能够较好地对应三角洲前缘水下分流河道与分流间湾分布组合特征（图 7-13），证明其解释的可行性，最终根据上述特征刻画出 ss91 切片的综合解释图（图 7-14）。

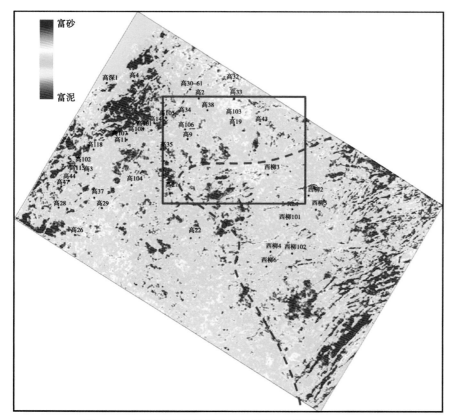

图 7-11 饶阳凹陷蠡县斜坡尾砂岩段地层切片 91（ss91）

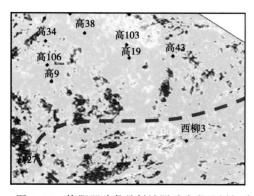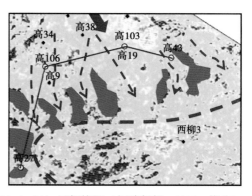

图 7-12 饶阳凹陷蠡县斜坡尾砂岩段地层切片 91（ss91）局部特征（据陈贺贺，2015，修改）

113

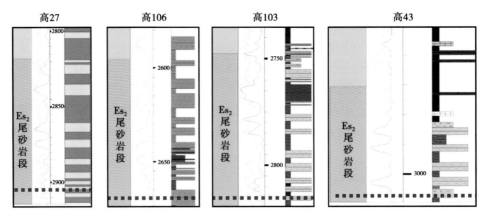

图 7-13　饶阳凹陷蠡县斜坡尾砂岩段地层切片 91（ss91）与单井岩性对应关系

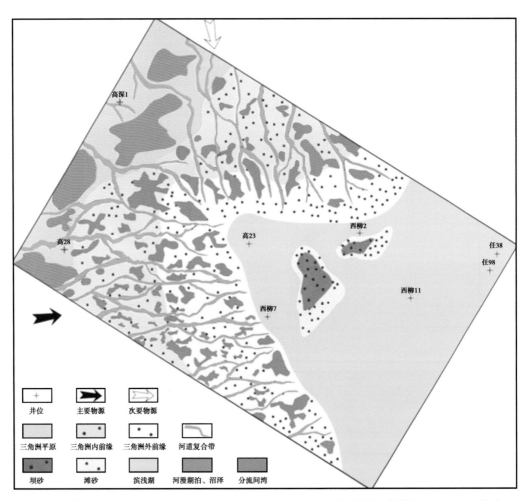

图 7-14　饶阳凹陷蠡县斜坡尾砂岩段地层切片 91（ss91）综合解释图（据陈贺贺，2015，修改）

二、湖相混积岩滩坝地层切片解释

饶阳凹陷蠡县斜坡沙河街组一段下亚段特殊岩性段为典型的湖相滩坝沉积体系。基于层序界面 T_4^1 与 T_4^3，在其时窗内切出地层切片 200 张，平均每 50 张对应一个砂组。现选取 ss189 和 ss6 切片进行详细解释，它们分别对应沙河街组一段特殊岩性段 C4 和 C1 砂组。

在沙河街组一段特殊岩性段彩色地层切片 ss189 上，可见与沙河街组二段尾砂岩段地层切片 ss1 特征相近的振幅反射特征（图 7-15），二者分布范围大致相同，但其内部富砂反射特征却相差较大，切片显示强振幅属性延伸方向为北北西—南东东向，与沙河街组二段尾砂岩段强振幅属性优势方向不同。沙河街组二段尾砂岩段地层切片 ss1 富砂强振幅多为顺三角洲物源方向延伸，而沙河街组一段特殊岩性段地层切片 ss189 富砂强振幅延伸反向多为平行湖岸线方向，说明随着沙河街组二段尾砂岩至沙河街组一段特殊岩性段沉积过程中快速的湖泛作用，三角洲短时期供源较弱，在湖浪作用下滩坝沿着岸线方向展布。平行于湖岸方向的井剖面显示，强振幅属性多为薄层砂岩，少量井为薄层鲕粒灰岩，上下均为较纯的泥岩（图 7-16），该层段单井相解释均为湖相滩坝沉积。

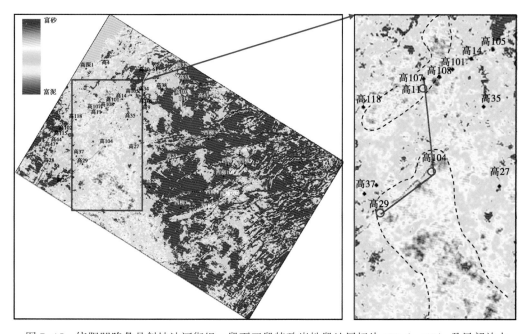

图 7-15　饶阳凹陷蠡县斜坡沙河街组一段下亚段特殊岩性段地层切片 189（ss189）及局部放大

综合上述沙河街组一段地层切片细节特征，最终得出沙河街组一段特殊岩性段地层切片 ss189 解释图（图 7-17），其亚相边界及三角洲形态与沙河街组一段特殊岩性段 C4 砂组沉积相图类似，但其细节刻画更为清晰，能更好地反映湖相混积滩坝沉积的连续性及其展布特征等信息。

饶阳凹陷蠡县斜坡沙河街组一段特殊岩性段彩色地层切片 ss6 对应特殊岩性段顶部 C1 砂组，该砂组既发育碎屑岩也发育碳酸盐岩，具有较独特的振幅反射特征（图 7-18）。沙河街组一段特殊岩性段顶界面下第一套反演储层大致与 ss6 切片对应深度相同，通过高 28—高 29-7 和西柳 101 井的反演剖面特征可知，该切片对应的反演储层在顺物源方向上呈

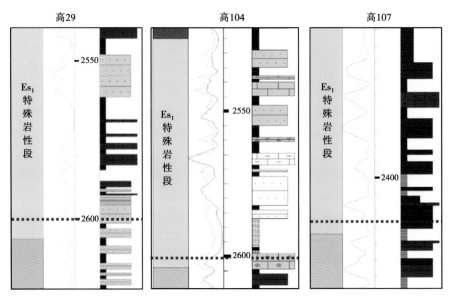

图 7-16 饶阳凹陷蠡县斜坡沙河街组一段下亚段特殊岩性段地层切片 189（ss189）与单井岩性对应关系

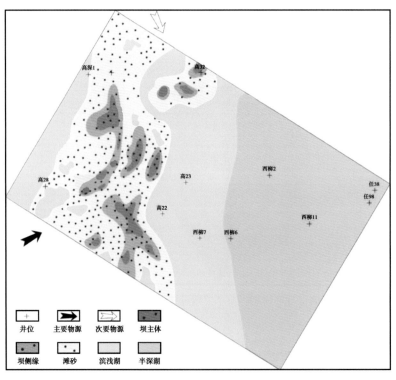

图 7-17 饶阳凹陷蠡县斜坡沙河街组一段下亚段特殊岩性段地层切片 189（ss189）综合解释图

现出厚薄的不规律变化（图 7-19），相对较厚的地层可达 15m，相对较薄的为 2~3m，甚至有的部位反演显示无有效储层，该特征揭露了沙河街组一段特殊岩性段 C1 砂组湖相滩坝沉积的特征，顺物源方向井剖面切过多条沿湖岸线展布的滩坝，坝主体部位储层相对较厚，坝侧缘及滩砂、坝间沉积部位储层厚度较薄甚至不发育。

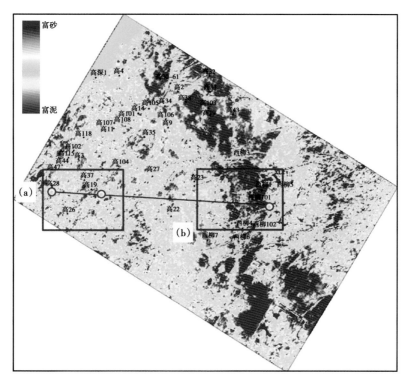

图 7-18　饶阳凹陷蠡县斜坡沙河街组一段下亚段特殊岩性段地层切片 6（ss6）

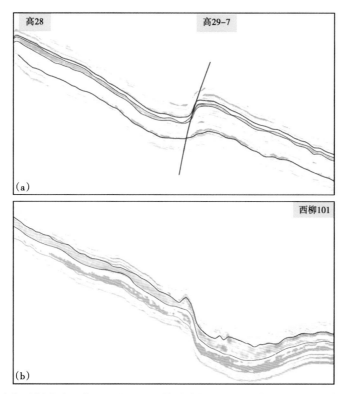

图 7-19　饶阳凹陷蠡县斜坡沙河街组一段下亚段特殊岩性段地层切片 6（ss6）对应深度储层反演特征

综合上述沙河街组一段特殊岩性段地层切片特征，最终得出特殊岩性段地层切片 ss6 解释图（图 7-20），其较好地刻画了湖平面范围最广时期，饶阳凹陷蠡县斜坡湖相滩坝的展布特征，在地形相对较平缓、水深相对较浅的斜坡上，发育多组滩坝沉积。

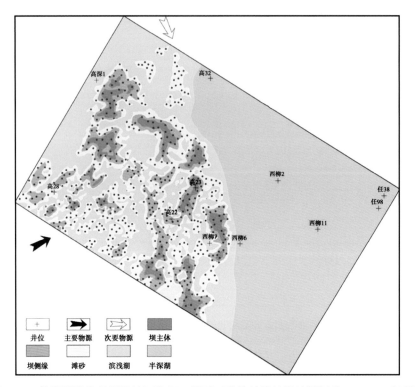

图 7-20　饶阳凹陷蠡县斜坡沙河街组一段下亚段特殊岩性段地层切片 6（ss6）解释图

第八章 叠后地震反演方法与储层预测

第一节 叠后地震反演方法概述

一、叠后地震反演方法研究现状

受到物理学和地质学发展的推动，地震勘探中对反演问题的研究不断深入。根据不同时期、不同阶段地震反演内容研究重点的差异，可以分成如下几个阶段。

1. 20 世纪 60 年代以前未形成系统的地震反演理论

20 世纪初，地震数据已经有了一定程度的积累，地震资料的分析问题逐渐受到重视。Hergloz（1907）首先提出地震走时反演，并用于地下介质结构的研究，取得了反问题的数学解。20 世纪 50 年代，地球物理学家利用试错法和拟合法研究地震速度、密度和磁化率随地球径向变化的分层模型，对地球内部的分层结构和各层的物理状态有了一个大致的了解。

该时期反演理论还没有系统、正式地形成，反演研究还只是作为正演研究的自然延伸，分散在单一的地球物理研究分支之中。总结 20 世纪 60 年代以前地震反演研究过程，可以概括为以下五个特点：

（1）地球模型在数学上多采用被二次曲面分隔的均匀各向同性介质模型；

（2）由于均匀各向同性介质模型正演问题的解析解（古典解）一般可以找到，反问题不需要直接与偏微分方程打交道，反演计算只需利用微积分或古典积分方程等数学工具；

（3）地球物理数据被认为是无限的、完整的、精确的或者只含可忽略的误差，在大多数情况下把它与根据假定模型正演计算取得的人工合成数据等同起来；

（4）虽然很多人意识到反问题解的非唯一性，但都没有对解非唯一性的程度和后果作深入研究，评价反演结果准确与否的主要准则是用推测的地球模型求得合成数据与实测数据的拟合好坏；

（5）反演计算过程只涉及初等数值分析，如数值微积分、最小二乘法解超定方程组等。到 20 世纪 60 年代后期才开始用到快速 Fourier 变换和高速褶积。

2. 20 世纪 60 年代末开启地震反演的新篇章

在连续介质假设的基础上，Backus 和 Gilbert（1967）提出了现代反演理论，简称 BG 理论，从而开启了地震反演的新篇章。

BG 理论对地震反演的主要贡献体现于系统地指出了：

（1）地球模型是客观地球在人们头脑中的反映，可以有无穷多个。在数学上地球模型可以用有限个有序的函数集合表示，与希尔波特空间的元对应，这种希尔波特空间称为模型空间。

（2）地球物理数据是有限个不精确的实数组成的集合，如果认为它们可以通过地球模型计算出来，则与模型空间对应，也可以用希尔波特空间的元表示地球物理数据集。

（3）这样定义的地球物理模型和数据的联系常常可以用有限个泛函方程式表示，反问题可以归纳为泛函方程组的求解。然而由于零空间的存在和数据的有限性，反问题的解具有高度的非唯一性，即古典解一般不存在。

（4）对于精确的地球物理数据，地球物理反问题的古典解虽然可能不唯一，但是解的某种平均是唯一的，可以利用微扰动法等数学工具构成某种迭代格式逐次逼近而求出满足规定准则的广义解。这样获得的解估计的分辨本领和精度不可能同时达到最高。

（5）在反问题研究中，要对各种可能的解估计进行评价，这是由反问题解的非唯一性所决定的。评价解估计的准则应该是在分辨本领和精度之间合理的折中，而不是实测和计算数据之间的拟合差最小。

经过 Parker 等的介绍和推广，BG 反演理论和方法在 20 世纪 70 年代开始逐渐普及，标志着它已经成为地球物理反演研究中相对独立的一个分支。

但是 BG 反演理论也存在不足之处：

（1）未能直接从运动方程和本构方程本身来提出反问题；

（2）BG 反演理论讨论的是连续模型的情况，因此总是导致欠定的方程组，不便于在计算机上进行快速计算。

在 BG 反演理论基础上，人们开始尝试用定量和通用的反演方法解决地震储层预测问题，以获取岩性、物性以及流体等储层参数。

3. 20 世纪 70 年代波阻抗直接反演方法迅速发展

20 世纪 70 年代加拿大 Roy Lindseth 博士提出了波阻抗直接反演方法，也就是我们常常提到的道积分反演方法，它将波阻抗与反射系数的关系式推导为积分或求和的形式，通过地层反褶积等求解出反射系数或用地震波形近似作为反射系数，并建立波阻抗与反射系数的递推关系式逐层求解，将反映地层界面信息的地震数据变为反映岩性变化的波阻抗（或速度）信息。道积分反演的优点是递推计算时累计误差小，可以完整地保留地震反射特征，反演结果直接反映岩层速度的变化，在勘探初期少井甚至无井的控制下也可推广应用，操作简单，实用性强。但是它也存在一些缺点：

（1）由于该方法受地震固有频带宽度的限制，分辨率低，无法适应薄层解释的需要；

（2）要求地震记录是经过子波零相位化处理的，在进行道积分之前，一定要做好零相位处理，只有零相位地震剖面道积分后才能成为正确反映地层岩性的剖面；

（3）由于缺少 10Hz 以下的低频分量，无法求得地层的绝对波阻抗和绝对速度，不能用于定量计算储层参数；

（4）该方法在处理过程中不能用地质或测井资料对其进行约束控制，因而其反演结果分辨率很低。

考虑到道积分反演没有有效地利用测井信息，20 世纪 70 年代后期国外基于合成声波测井技术，提出了测井资料约束的波阻抗反演技术即有井反演，它是基于褶积模型的叠后一维地震资料反演方法。Draper 和 Smith（1981）首先讨论了测井模型响应和地震数据集之间线性和非线性关系的最小平方反演。随后 Lines 和 Treitel 更详细地讨论了该方法，为了把最小平方反演用于法向入射地震记录反褶积和重力数据中，他们根据地震记录褶积模型和 Goupilaud 层状地层模型，建立每一反射层中上行波和下行波 Z 变换之间的关系式，在反射系数已知的情况下，分别对合成记录和野外地震记录用 Marquardt-Levenberg 方法、Cholesky 方法和 SVD 法等估算子波和进行反褶积处理，取得了较好效果。

4. 20世纪80年代出现广义线性反演方法

Cooke 和 Schneider（1983）将数学中的广义线性方法运用于地震资料反演，提出了广义线性地震反演，从而揭开了波阻抗反演技术的新篇章，极大地促进了波阻抗反演方法的发展。广义线性反演也是一种建立在模型基础上的反演方法，它是通过模型正演与实际地震剖面作比较，根据泰勒展开式，在误差绝对值之和最小的意义上，最佳地逼近实际数据，从而迭代反复修改模型，直到满意为止。该反演方法将模型看作一个线性系统，其反演问题归结为求解一组线性联立方程组。Mcaulay（1985）将该方法用于叠前地震数据的反演。国内邹振桓和杨文采（1987）也发表了广义线性反演的文章，他们在偏导数矩阵的归一化和阻尼因子的选择上，改进了 Cooke 和 Schneider 的方法。

后来，Debeye 和 Van Riel（1990）提出了稀疏脉冲反演算法，并且逐渐成为众多地震波阻抗反演方法中使用较多的一种反演方法。其基本构想是所求的地层反射系数序列是由一系列小的反射系数与遵循高斯分布的大的反射系数构成的，即地层反射系数的分布情况是具有稀疏性的。一系列大反射系数在地质上的意义实质上就是反映了岩性分界面与地下不连续界面。稀疏脉冲反演方法的优点是适用于井数较少或无钻井资料的地区，直接由地震记录计算反射系数，实现递推反演，能获得宽频带的反射系数，较好地解决地震记录的多解性问题，从而使反演得到的波阻抗模型更趋于真实；其缺陷在于很难得到与测井曲线相吻合的最终结果，反演结果分辨率低。

无论是基于地震道的递推反演还是基于地质模型的测井约束反演，都是以褶积模型理论为指导，原则上只能反演波阻抗（包括速度和密度）信息，在一定程度上解决了油气勘探开发中的许多难点和瓶颈问题。这些常规地震反演方法能够获得成功的关键是储层和围岩的波阻抗具有差异，但是油气勘探所面临的地质情况是非常复杂的，在许多情况下要研究的储层与围岩波阻抗差异非常小，甚至没有差异，仅根据波阻抗很难将储层与围岩区分开来。研究发现，某些电测曲线如自然伽马、自然电位、电阻率等有时对岩性区分更加敏感。能不能找到一种方法，将地震信息和其他岩性曲线联系起来，从而进行岩性地震的直接反演。1984 年美国西方地球物理公司的 Gelfand 和 Larner 提出了地震岩性模拟方法（SLIM），该方法从地震剖面稀疏脉冲模型着手，通过模型中各参数的迭代建立二维地震数据体，使模型与二维地震剖面或三维地震数据体之间通过连续扰动模型参数达到均方根差最小化。许多国外公司使用 SLIM 方法的经验说明该方法在地质解释中效果较好，在预测新井位中也是很成功的。此外 SLIM 方法还适用于油田勘探前期工作和圈定储层范围。

上述的（或者说在 20 世纪 80 年代中前期以前的）反演方法都属于窄带反演方法，因为地震记录的带通是有限的（即窄带的），波阻抗反演结果受地震记录频带宽度的限制。

5. 20世纪90年代初宽带约束反演方法受到关注

20 世纪 80 年代后期与 90 年代初期，计算机技术的飞速发展极大地推动了波阻抗反演方法的研究和技术的发展。在该阶段，井约束反演和以模型为基础的反演方法有了较大的改进与优化，使得波阻抗反演技术成为储层研究的一个重要手段。为了解决窄带反演中存在的问题，这两种方法都吸收了模型法反演的优点并对其作了较大的改进，主要思想是从井出发，构建一个详细的全频带地质模型（即波阻抗估计值模型），采用模型最优化迭代算法，通过不断修改地质模型，使模型合成的地震记录与实测数据最佳吻合，最终的模型就是反演结果。由于避免了用地震数据进行递推反演，其结果不仅可以提高地震资料的信噪比，还可以突破传统地震频带的限制，具有比直接反演更高的分辨率，故称之为宽带波阻抗反演。由于该方法利用了测井资料的高频信息，大大拓宽了反演结果的纵向分辨能力，可以获得薄层和薄互层的波阻抗信息，表现了强劲的发展势头。因而宽带波阻抗反演成为各外国石油公司重点研究的对象，如美国 HGS 公司的宽带约束反演 BCI 技术、法国 CGG 公司的波阻抗反演模拟 ROVIM 技术、俄罗斯的 PARM 技术以及荷兰推出的 JASON 技术。

6. 20 世纪 90 年代非线性反演方法开始成为主流

20 世纪 70 年代末至 90 年代初提出的直接反演和模型法反演多为线性化反演方法，虽然已成为实际生产应用中的主流反演方法，但线性化反演方法的缺陷是容易造成局部寻优，而且线性化反演方法对初始模型和目标函数曲面的复杂程度依赖性很大，很容易造成反演结果的多解性。因此在 20 世纪 90 年代，地球物理学家开始不断地探索，尝试将非线性算法应用到反演问题中，出现了以非线性反演理论为基础的多种反演算法，比较有代表性的完全非线性反演方法包括模拟退火算法、遗传算法、人工神经网络算法等。

早在 1953 年 Metropolis 等就提出了模拟退火算法的思想，模拟退火算法是利用反演过程和熔化物体退火过程的相似性，随机模拟物体退火过程来完成反演问题的求解。反演应用最大后验概率准则求解反射系数，通过目标函数优化得到反演结果。Kirkpatrick（1983）将其成功应用于组合优化问题，但是直到 20 世纪 80 年代末，非线性智能优化反演方法才开始应用于地球物理领域中。Rothman（1985）提出了用模拟退火方法解决剩余静校正的问题，后来 Bale 和 Jakubowicz（1987）、Sen 和 Stoffa（1990）、Basu（1990）将模拟退火算法用于地震道反演及子波估计。模拟退火反演算法的优点是多参数目标函数的使用可以将对地震资料品质的分析结果及对地下地质情况的认识引入反演过程的质量控制之中，避免了反演的盲目性。该反演过程适应复杂地层的反演，对初始模型要求低，容易寻找全局最优解，适合勘探程度低的地区，其缺点是计算效率低。

遗传算法是模拟生物系统中自然选择和遗传变异机制的完全非线性反演方法。它是 1975 年美国 Michigan 大学的 Holland 教授基于模拟达尔文的遗传选择和自然淘汰的生物进化过程提出的一种计算方法。遗传算法属于一种新的随机算法，不像一般的随机算法那样仅简单地根据某一规则进行搜索，而是不仅模拟生物种群的遗传学机制进行随机搜索，而且利用适者生存的生物进化竞争机制有效地达到生物种群繁殖的稳定优化状态，从而建立一种简单而有效的搜索方法。这种把定向搜索与随机搜索相结合的启发式搜索方法拥有更复杂的记忆，并大大提高了搜索的效率，因此在各个领域都受到人们的普遍重视。在波阻抗反演方面，已有许多专家和学者致力于该方面的研究和应用。遗传算法利用目标函数进行全局搜索，不需导数或其他附加条件限制，可以迅速地搜索到目标函数的全局极大值，是一种普遍适用各种问题的有效方法。

人工神经网络又称为神经网络，是一种大规模的非线性自适应系统，它是在现代神经科学研究的基础上，试图通过模拟人类神经系统对信息进行加工、记忆和处理的方式。人工神经网络的研究最早起源于 20 世纪 40 年代。1943 年 Mcculloch 和 Pitts 提出了著名的神经网络模型。1948 年，Wiener 提出了控制、通信和统计信号处理的重要概念，为神经网络的跨学科发展奠定了理论基础，也引起了很多人对神经网络研究的兴趣。人工神经网络在地震勘探中的应用，始于 20 世纪 80 年代末，最初主要用网络模型进行地震波初至的拾取、同相轴的追踪、"亮点"的识别。近年来神经网络在求取地震波速度、测井资料的解释和地震反演中也取得了很好的成绩，尤其是通过神经网络训练开展的储层波阻抗反演，一定程度上提高了反演结果的可靠性，因此神经网络也在储层油气预测、综合测井等领域得到了应用（Rothman，1985；Roth，1994；Michaels，1994；杨文采，1995；王家映，2008）。

7.21 世纪初多种反演方法交叉运用

作为一种新兴的反演策略，多尺度反演因其可以加速算法收敛性、增强算法稳定性以及有效避开局部极值的影响等诸多良好性质而闻名。Liu 在 1993 年就开始了小波多尺度反演方法的探索，研究了椭圆型方程参数识别问题的小波多尺度反演方法，还认为小波多尺度反演方法可以方便地推广到其他反问题上。Zhang、He 和 Han 在针对流体饱和多孔介质中的孔隙度场反演的问题上，分别构造出不同小波多尺度反演方法和小波多尺度自适应同伦混合反演方法，并通过大量数值实验来验证这些方法的有效性。

20 世纪 70 年代李天岩和 J. Yorke 发表了论文《周期蕴含混沌》，率先引入"混沌"一词，描述了混沌的数学特征。混沌理论在地球物理勘探应用中的发展相对缓慢，国外只有 Tadesz J Ulrych 教授（1999）发表过讨论地震道控制特性的文章。在国内李正文等提出了油气储层联合预测方法，它是由线性预测方法与部分非线性预测方法组成的，线性预测方法为综合参数法和广义线性分类器法，非线性预测方法为突变理论预测法和混沌预测法，该方法可在线性预测的基础上，利用非线性预测方法优选出油气储层的最佳有效部位和局部油气富集带。总之，混沌方法在反演上的应用研究处于初级阶段，尚需大量研究来丰富混沌反演技术。

地质统计学反演是以地质信息（包括地震、钻井、测井等）为基础，应用随机函数理论和地质统计学方法（变差函数分析、直方图分析、相关分析等），结合传统的地震反演技术，在每一个地震道（或多个地震道）产生多个可选的等概率反演结果的一种地震反演方法，它主要包括随机地震反演和随机模拟两个方面，其中随机地震反演是基础，随机模拟是手段，两者有机结合可计算多种随机变量和地震属性。Bortoliand 在 1992 年提出了地质统计学反演方法，但由于该反演方法计算过程复杂、运算效率低，一直没有得到推广应用。近年来随着计算机技术的快速发展，该方法的优势之处又受到越来越多的专家关注。Hass 和 Dubrule（1994）结合序贯高斯模拟与地震反演方法，利用地质统计学理论外推计算了整个波阻抗剖面。Huang 和 Kelkar（1996）利用测井波阻抗概率密度函数建立了反演初始模型，并利用波阻抗与孔隙度的关系，实现了孔隙度和渗透率的随机模拟。Gambus 和 Torres Verdin（2002）研究并发现了地质统计反演结果由于在随机模拟过程中利用了井和地质条件控制波阻抗的空间展布，因此不需要将反演结果与低频分量进行叠加。Hansen（2006）等结合线性反演方法与地质统计学方法，利用协方差矩阵和序贯高斯模拟方法对高斯域的概率密度函数进行抽样，得到了反问题的解。王家华（2011）结合测井数据和地震数据的优点，利用多点统计算法，通过地震资料对井间插值和储层建模过程进行约束，降低了井间区域的不确定性，使建模结果在反映目标体形态的基础上更加忠实于原始地质特征。

二、叠后地震反演方法发展方向

地震反演已在油气勘探开发领域得到了广泛而成功的应用，波阻抗反演技术已成为储层预测的核心技术。但在众多反演方法中，每种方法都有其局限性，还有许多问题亟待解决，总结目前地震储层反演，主要存在以下问题：

（1）低频信息选取困难，反演参数地质意义不明确、多解性强，薄层预测精度低。

（2）对初始模型要求高，因为初始模型不但直接影响到解的收敛，而且对最终解的可靠性和分辨率有很大的影响。

因此，叠后地震反演方法的发展可能会在如下几个方面：

（1）加大对反演先验信息约束方法的研究。由于实际地震勘探数据是不完全的、限带宽的，利用这种不完整的、存在随机噪声的信息来求取地下介质弹性参数的性质，其求解过程必然是不适定的，因此需要研究更优化的反演约束方法来降低求解过程的不适定性。

（2）注重对反演解的评价方法的研究。目前反演理论、反演解的求取等方面已经具有丰富的研究基础，但少有反演的评价方法分析。面对勘探目标的日益复杂化、困难和储层预测越来越高的要求，反演解的评价方法研究已经刻不容缓。正确的做法应该是综合应用地质、测井、物探等所有先验信息，基于概率统计学观点，开展解的有效性评价研究。

（3）注重联合反演方法的研究。随着石油勘探的发展，储层预测高分辨率、高精确度的需求，使得仅凭单一的地球物理方法或资料难以应对，必须寻求其他的思路进行必要的补充和约束。通过重力、磁力、电法、地震不同资料之间的联合反演，测井约束下地震资料之间的联合反演，井间与地面地震资料之间的联合反演，不同反演方法之间的联合反演，从多个角度对同一个地质体进行研究，减少地震反演的多解性，更全面地接近实际情况。

（4）目前大多数反演理论的基础都是层状介质和单相介质，理论已经远远不能够满足当前需要，这就要求地球物理学家不断把地震反演理论研究推向更具普适意义的方程，如从各向同性完全弹性模型变为各向异性黏弹性介质模型，从单相介质变为双相介质甚至多相介质模型等，这势必导致方程中的未知参数越来越多，反问题解的非唯一性越来越严重。因此必须加强各向异性介质和多相介质反演理论的研究。

（5）随着实际地震资料的增加、反演区域的扩大以及高分辨率反演的要求，并行化反演方法研究将成为不可逆转的发展趋势。

第二节　地震反演的数学理论基础

一、线性方程组和扰动分析

反演计算一般是在计算机上实现的，90%的反演方法均要归结为线性计算。因此，有关矩阵运算的数值分析非常重要。通常矩阵运算包括以下七个方面的内容：

（1）线性方程组求解；

（2）矩阵求逆和行列式问题；

（3）特征值问题；

（4）线性最小二乘问题；

（5）广义逆；

（6）奇异值分解；

（7）算法的稳定性和扰动分析。

由于算法设计方面要考虑的主要因素为精度，因此扰动分析是反演算法研究的重点。

1. 基本概念

1）矩阵的范数

$$\|A\|_F = \Big(\sum_{i,j} |a_{i,j}|^F \Big)^{1/F} \tag{8-1}$$

当 $F=2$ 时，$\|A\|_2 = \left(\sum_{i,j} |a_{i,j}|^2 \right)^{1/2}$ 为矩阵的二范数。

2）正交矩阵

当

$$Q^T Q = Q Q^T = I \tag{8-2}$$

则 Q 为正交矩阵，且 $Q^T = Q^{-1}$。

3）矩阵的从属范数及其性质

定义矩阵从属于向量 x 的范数 ρ 为

$$\|A\|_\rho = \max_{x \neq 0} \frac{\|Ax\|_\rho}{\|x\|_\rho} \tag{8-3}$$

矩阵的从属范数具有以下性质：

$$\begin{cases} \|A\| \geq 0; \\ \|\alpha A\| = |\alpha| \cdot \|A\| \\ \|A+B\| \leq \|A\| + \|B\| \\ \|AB\| \leq \|A\| \cdot \|B\| \end{cases} \tag{8-4}$$

上述矩阵的基本运算在叠后反演求解过程中最为常用。

4）超定方程与欠定方程

假设观测数据 b 为 m 维向量，模型参数 x 为 n 维向量，且有 $m>n$（观测数据量大于要求得的模型参数量），此时的方程：

$$A_{m \times n} x_{n \times 1} = b_{m \times 1} \tag{8-5}$$

被称为超定方程。

例如，在叠后反演中利用观测得到的地震数据仅反演波阻抗一个参数时，一般为超定方程。

假设观测数据 b 为 m 维向量，模型参数 x 为 n 维向量，且有 $m<n$（观测数据量小于要求得的模型参数量），此时的方程：

$$A_{m \times n} x_{n \times 1} = b_{m \times 1} \tag{8-6}$$

被称为欠定方程。

例如，在叠前反演中利用地震数据同时反演纵横波速度、密度等多个参数时，一般为欠定方程。此时虽然数据能提供有关模型参数的信息，但却不能提供足够的信息来唯一地确定模型参数，方程就会有无穷多个解。

2. 特殊系数矩阵的方程组

给定非奇异的 $n \times n$ 的矩阵 A 和 $n \times 1$ 的向量 b，要求线性方程组的解：

$$Ax = b \tag{8-7}$$

在下列情况下是十分容易求解的，所以求解过程中要尽量将其简化为以下形式：

（1）$Ax = b$（单位矩阵）；

（2）$Ax = D$（对角矩阵）；

（3）$Ax = Q$（正交矩阵），$x = A^T b$；

（4）$A = L$（三角矩阵）。

当 $A = L$ 时，方程 $Lx = b$ 的解法在大多数分解型的线性算法中都需要用到，此时将方程组写成

$$\begin{pmatrix} \lambda_{11} & 0\cdots 0 \\ \lambda_{21} & \lambda_{22}\cdots 0 \\ \vdots & \vdots \\ \lambda_{n1} & \lambda_{n2}\cdots \lambda_{nn} \end{pmatrix} \begin{pmatrix} \eta_1 \\ \eta_2 \\ \vdots \\ \eta_n \end{pmatrix} = \begin{pmatrix} \beta_1 \\ \beta_2 \\ \vdots \\ \beta_n \end{pmatrix} \qquad (8-8)$$

式（8-8）的求解过程为

$$\begin{cases} \eta_1 = \beta_1/\lambda_{11}; \\ \eta_2 = (\beta_2 - \lambda_{21}\eta_1)/\lambda_{22} \\ \vdots \\ \eta_n = (\beta_i - \lambda_{21}\eta_1 - \cdots - \lambda_{ii}\eta_{i-1})/\lambda_{ii} \end{cases} \qquad (8-9)$$

在地震反演中多为带状矩阵：

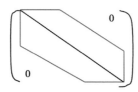

带状矩阵的带宽即为地震子波的长度。

3. Cholesky 分解

当 $Ax = b$ 中系数矩阵 A 为正定时，即

$$A = A^{\mathrm{T}}, \quad x^{\mathrm{T}}Ax = x^{\mathrm{T}}b > 0 \quad (x \neq 0) \qquad (8-10)$$

A 可以分解为矩阵 B 及其转置 B^{T} 的乘积，实际上令 $A = BB^{\mathrm{T}}$，有

$$x^{\mathrm{T}}Ax = x^{\mathrm{T}}BB^{\mathrm{T}}x = (B^{\mathrm{T}}x)^{\mathrm{T}}(B^{\mathrm{T}}x) = \parallel B^{\mathrm{T}}x \parallel_2^2 > 0 \qquad (8-11)$$

这是因为范数大于零，只有在 x 为零向量时才等于零。其实可以证明 A 为对称正定时 B 为下三角矩阵 L。

Cholesky 分解就是首先把 A 分解为 LL^{T}。由于此时 $Ax = b$ 方程变为 $LL^{\mathrm{T}}x = b$，令 $y = L^{\mathrm{T}}x$，可以先求方程 $Ly = b$ 的解。于是对于正定矩阵 A 的方程组 $Ax = b$ 的解法可以归纳为以下步骤：

（1）将 A 分解为三角矩阵 L；

（2）用回代法解方程：$Ly = b$；

（3）用回代法解方程：$L^{\mathrm{T}}x = y$；

（4）求余数向量 $a = b - Ax$，以确定解的精度。

在反演求解时，可将灵敏度矩阵 G 变成 GG^{T} 的形式再求解。

矩阵 A 的分解过程：

把 $A = LL^{\mathrm{T}}$ 写成

$$
\begin{pmatrix}
a_{11} & a_{12}\cdots a_{1n} \\
a_{21} & a_{22}\cdots a_{2n} \\
\vdots & \vdots \quad\quad \vdots \\
a_{n1} & a_{n2}\cdots a_{nn}
\end{pmatrix}
=
\begin{pmatrix}
\lambda_{11} & & \\
\lambda_{21} & \lambda_{22} & \\
\vdots & \vdots & \\
\lambda_{n1} & \lambda_{n2} & \lambda_{nn}
\end{pmatrix}
\begin{pmatrix}
\lambda_{11} & \lambda_{21} & \lambda_{n1} \\
& \lambda_{22} & \lambda_{n2} \\
\vdots & \vdots & \vdots \\
& & \lambda_{nn}
\end{pmatrix}
\tag{8-12}
$$

对 λ 的分解公式为

$$
\lambda_{ij} =
\begin{cases}
\left[a_{jj} - \displaystyle\sum_{k=1}^{j-1} \lambda_{jk}^2 \right]^{1/2}, & i = j \\[2mm]
\dfrac{1}{\lambda_{jj}} \left[a_{ji} - \displaystyle\sum_{k=1}^{j-1} \lambda_{ik}\lambda_{jk} \right], & i = j+1,\ j+2,\ \cdots,\ n
\end{cases}
\tag{8-13}
$$

反演求解时，为满足方程 $GX = \Delta S$ 可将灵敏度矩阵 G 变成 $G^T G$ 的形式，此时方程变成 $G^T G X = G^T \Delta S$，再用上述方法来求解方程。

4. 线性方程组的扰动分析（Perturbation Analysis）

扰动分析的主要目的是分析方程的敏感程度，因为当一个方程处于病态的时候，求出的解不能表达真实的物理意义。

设 $Ax = b$ 中的系数矩阵 A 带有微小误差 δA 或数据 b 带有微小误差 δb，此时求得的解为 $\hat{x} = x + \delta x$ 也是带误差的。

通过分析式（8-14）式（8-15）：

$$
(A + \delta A)(x + \delta x) = b
\tag{8-14}
$$

$$
A(x + \delta x) = b + \delta b
\tag{8-15}
$$

来推测 δA 及 δb 在多大程度上影响 $\hat{x}$ 的问题，叫作扰动分析。

对一般的方程组 $Ax = b$，如何来定量地表示是否是病态呢？这就是扰动分析要讨论的问题。

设数据 b 有微小变化时解 x 的变化为 δx，此时 $Ax = b$ 有

$$
A(x + \delta x) = b + \delta b
\tag{8-16}
$$

$$
\delta x = A^{-1} \delta b
\tag{8-17}
$$

根据从属范数的性质有

$$
\| \delta x \| \leqslant \| A^{-1} \| \ \| \delta b \|
\tag{8-18}
$$

由于 $Ax = b$ 有 $\| b \| \leqslant \| A \| \cdot \| x \|$，即

$$
\frac{\| \delta x \|}{\| A \| \cdot \| x \|} \leqslant \frac{\| A^{-1} \|}{\| b \|} \| \delta b \|
\tag{8-19}
$$

变换为式（8-20）：

$$
\frac{\| \delta x \|}{\| x \|} \leqslant \text{cond}(A) \frac{\| \delta b \|}{\| b \|}
\tag{8-20}
$$

其中 $\text{cond}(A) = \| A \| \cdot \| A^{-1} \|$ 称为矩阵的条件数。显然 $\text{cond}(A)$ 很小时方程对 b 的扰动是良态，反之说明方程为病态。

当矩阵 A 带有误差 δA 时，由 $Ax=b$ 有

$$(A+\delta A)\ (x+\delta x)\ =b+\delta b \tag{8-21}$$

$$\delta x = -A^{-1}\delta A\ (x+\delta x) \tag{8-22}$$

因此，

$$\|\ \delta x\ \| \leqslant \|\ A^{-1}\ \|\ \cdot\ \|\ \delta A\ \|\ \cdot\ \|\ x+\delta x\ \| \tag{8-23}$$

$$\frac{\|\ \delta x\ \|}{\|\ x+\delta x\ \|} \leqslant \mathrm{cond}(A)\frac{\|\ \delta A\ \|}{\|\ A\ \|} \tag{8-24}$$

由此可知，当矩阵 A 带有误差 δA 时解的相对误差仍然取决于条件数的大小。

5. QR 分解和线性最小二乘问题

QR 分解指的是把矩阵 A 分解为一个正交矩阵 Q 和一个上三角矩阵 R，由于 QR 分解算法具有较好的稳定性，在解线性最小二乘问题时特别适用。

设 A 为 $n\times m$ 矩阵，A 的秩 $\mathrm{rank}(A)=m<n$，求解方程 $Ax=b$ 的问题称为线性最小二乘问题。

当 $m>n$ 时唯一的解不存在。设预测误差向量 $e=b-Ax$，可以用

$$\min_{x}\ \|\ b-Ax\ \|_{1,2,\cdots,\infty} \tag{8-25}$$

为准则求预测误差的模的最小解估计，当取 $\|e\|_2$ 为最小时就是线性最小二乘法。

注：矩阵的秩为矩阵经过线性变换后不等于零的行数或列数。

6. 矩阵的最小二乘解和广义逆

因为

$$\|\ b-Ax\ \|_2^2 = (b-Ax)^{\mathrm{T}}(b-Ax) = b^{\mathrm{T}}b-2x^{\mathrm{T}}A^{\mathrm{T}}b+x^{\mathrm{T}}A^{\mathrm{T}}Ax \tag{8-26}$$

令 $\partial\|\ b-Ax\ \|_2^2/\partial x^{\mathrm{T}}=0$，可得

$$(A^{\mathrm{T}}A)\hat{x}=A^{\mathrm{T}}b \tag{8-27}$$

于是方程 $Ax=b$ 的最小二乘解为

$$\hat{x}=(A^{\mathrm{T}}A)^{-1}A^{\mathrm{T}}b=R^{-1}Q^{\mathrm{T}}b \tag{8-28}$$

定义 $n\times m$ 矩阵 A 的广义逆为

$$A^{+}=(A^{\mathrm{T}}A)^{-1}A^{\mathrm{T}}=R^{-1}Q^{\mathrm{T}} \tag{8-29}$$

其中，Q 为正交矩阵，有 $Q^{\mathrm{T}}=Q^{-1}$。因此最小二乘问题的解估计可表示为

$$\hat{x}=A^{+}b \tag{8-30}$$

二、非线性问题的线性化

如果把精确数据 d_i 和模型参数 m_i 的关系表示为以下非线性方程组：

$$d_i = A_i(m_1,\ \cdots,\ m_J) \tag{8-31}$$

式中，d_i 为地震数据；A_i 为地震记录与波阻抗的函数。

如果可以根据先验知识给出模型参数的初始猜测：

$$m_0^{\mathrm{T}} = (m_1^0, \cdots, m_J^0) \tag{8-32}$$

则可以用牛顿法解非线性方程的迭代思想，用泰勒展开法把 $d_i = A_i(m_1, \cdots, m_J)$ 右边在 $\boldsymbol{m}_0$ 附近展开：

$$d_i = A_i(\boldsymbol{m}_0) + \sum_{j=1}^{J} \left[\frac{\partial A_i}{\partial m_j}\right]_{m_j^0} (m_j - m_j^0) + \sum_{j=1}^{J} \left[\frac{\partial^2 A_i}{\partial m_j^2}\right]_{m_j^0} \frac{(m_j - m_j^0)^2}{2!} + \cdots \tag{8-33}$$

把式（8-33）二次以上的项忽略掉就得到了线性化的系统，即

$$\boldsymbol{y} = \boldsymbol{J}\boldsymbol{x} \tag{8-34}$$

其中 $\boldsymbol{y}$ 的元：

$$y_i = \Delta d_i^0 = d_i - A_i(m_1^0, \cdots, m_J^0), \quad i = 1, \cdots, n \tag{8-35}$$

为实测数据和用初始猜测取得的预测数据之差。向量 $\boldsymbol{x}$ 的元：

$$x_j = \Delta m_j^0 = m_j - m_j^0, \quad j = 1, \cdots, J \tag{8-36}$$

为模型参数的修改量，而矩阵 $\boldsymbol{J}$ 为 Jacobian 矩阵，其元为

$$g_{ij} = (\partial A_i / \partial m_j)_{m_j^0} \tag{8-37}$$

即

$$\boldsymbol{J} = \begin{bmatrix} \partial A_1 / \partial m_1 & \partial A_1 / \partial m_2 \cdots \partial A_1 / \partial m_j \\ \partial A_2 / \partial m_1 & \partial A_2 / \partial m_2 \cdots \partial A_2 / \partial m_j \\ \cdots & \cdots \\ \partial A_n / \partial m_1 & \partial A_n / \partial m_2 \cdots \partial A_n / \partial m_j \end{bmatrix}_{m_j^0} \tag{8-38}$$

矩阵方程（8-34）给出了一个迭代格式。把 m_j^0 的上标改为

$$m_j^k, \quad k = 0, 1, \cdots, K$$

式中，k 为迭代次数，则由于每一次解方程都可以修改模型的初始猜测，经过 k 次迭代之后，就可以得到模型参数的逼近值。

三、模型参数的归一化

对地球模型参数化后为

$$\boldsymbol{m}^{\mathrm{T}} = (\rho_1, \cdots \rho_k, k_1 \cdots k_m, \mu_1, \cdots, \mu_n, r_1 \cdots r_J) \tag{8-39}$$

其元为不同量纲的物理量。它们的数值可以相差几个以上的数量级，此时 Jacobian 矩阵列向量的模也差别较大，以至性状很坏。因此在进行数值反演计算之前，应该把所有模型参数化为无量纲的量，该过程称为归一化。

以数据为例，假定各个数据在统计上是独立的，其标准差为

$$\sigma_i, \quad i = 1, \cdots, n \tag{8-40}$$

则 d_i / σ_i 是一个无量纲的量。

记对角矩阵：

$$E = \begin{pmatrix} 1/\sigma_1 & & & \\ & \cdots & & \\ & & \cdots & \\ & & & 1/\sigma_n \end{pmatrix} \tag{8-41}$$

则可称 $d' = Ed$ 为归一化的数据。对于线性方程组 $d = Am$，数据归一化后变为

$$EAm = Ed \tag{8-42}$$

或

$$\begin{aligned} A'm &= d' \\ A' &= EA \\ d' &= Ed \end{aligned} \tag{8-43}$$

如果要用最小二乘法求解方程组，则要把预测误差 r 与 E 的积的 L_2 模最小化。即

$$\|Er\|_2 = r^T E^T E r = r^T C_d^{-1} r \tag{8-44}$$

最小化。其中 $r = Am - d$；C_d 为数据的协方差矩阵。

如果数据在统计上是相关的，则归一化时必须考虑数据的协方差矩阵。把一个有误差的数据 $\tilde{d}_i$ 当作随机变量处理时，其方差定义为

$$\mathrm{Var}(\tilde{d}_i) = \left\{ \lim_{L \to \infty} \sum_{l=1}^{L} (\tilde{d}_{il} - d_i)^2 \right\} / L \tag{8-45}$$

式中，L 为测量次数；d_i 为随机变量 $\tilde{d}_i$ 的数学期望 $E(d_i)$，也就是精确的数据；$\tilde{d}_{il}$ 为第 l 次的测量值。两个带误差的数据 $\tilde{d}_i$ 和 $\tilde{d}_j$ 在统计上相关时，其互协方差定义为以下乘积的数学期望：

$$\mathrm{Cov}(\tilde{d}_i, \tilde{d}_j) = E\left[(\tilde{d}_i - d_i)(\tilde{d}_j - d_j) \right] = \frac{1}{L} \lim_{L \to \infty} \sum_{l=1}^{L} (\tilde{d}_i - d_i)(\tilde{d}_j - d_j) \tag{8-46}$$

对整个数据集，$\tilde{d}$ 是随机向量，其协方差矩阵定义为

$$C_d = \begin{bmatrix} \mathrm{Var}(\tilde{d}_1) & \mathrm{Cov}(\tilde{d}_1, \tilde{d}_2) & \cdots & \mathrm{Cov}(\tilde{d}_1, \tilde{d}_n) \\ \mathrm{Cov}(\tilde{d}_1, \tilde{d}_n) & \mathrm{Var}(\tilde{d}_2) & \cdots & \mathrm{Cov}(\tilde{d}_2, \tilde{d}_n) \\ \cdots & \cdots & & \cdots \\ \mathrm{Cov}(\tilde{d}_n, \tilde{d}_1) & \mathrm{Cov}(\tilde{d}_n, \tilde{d}_2) & \cdots & \mathrm{Var}(\tilde{d}_n) \end{bmatrix} \tag{8-47}$$

因此，C_d 为 $n \times n$ 对称正定矩阵。

利用矩阵特征值分解的方法可以把协方差矩阵分解为

$$C_d = V\Lambda V^T \tag{8-48}$$

式中，V 为正交矩阵，其列向量为特征向量；Λ 为对角矩阵，对角元素为特征值。取归一化矩阵：

$$E = \Lambda^{-1/2} V^T$$

则 $E^T E = C_d^{-1}$，可以把线性方程组按 $EAm = Ed$ 归一化。

130

四、广义最小二乘法

1. 最小二乘解估计

对于方程：

$$d = Gm$$

最小二乘的预测误差：

$$\|e\|_2^2 = (d - Gm)^{\mathrm{T}}(d - Gm) \tag{8-49}$$

由矩阵的广义逆求解可知，对式（8-49）取极小得到最小二乘解估计：

$$\hat{m} = [G^{\mathrm{T}}G]G^{\mathrm{T}}d \tag{8-50}$$

2. 超定方程组的求解

假设观测数据 d 为 M 维向量，模型参数 m 为 N 维向量，且有 $M>N$，此时方程组的求解问题转化为一个超定方程组的求解问题。

由误差：

$$\|e\|_2^2 = (d - Gm)^{\mathrm{T}}(d - Gm) = m^{\mathrm{T}}G^{\mathrm{T}}Gm - 2m^{\mathrm{T}}G^{\mathrm{T}}d + d^{\mathrm{T}}d \tag{8-51}$$

极小化时令 $\partial\|e\|_2^2/\partial m^{\mathrm{T}} = 0$ 得

$$G^{\mathrm{T}}Gm = G^{\mathrm{T}}d \tag{8-52}$$

因此最小二乘估计解为

$$\hat{m} = [G^{\mathrm{T}}G]^{-1}G^{\mathrm{T}}d \tag{8-53}$$

式（8-53）即为超定方程组的最小二乘解。

3. 欠定方程组的求解

假设观测数据 d 为 M 维向量，模型参数 m 为 N 维向量，且有 $M<N$，此时方程组的求解问题转化为一个欠定方程组的求解问题。

由超定方程组求解可知，欠定方程组的最小二乘解为

$$\hat{m} = G^{\mathrm{T}}[G^{\mathrm{T}}G]^{-1}d \tag{8-54}$$

4. 混合问题的求解

大多数地球物理反问题，既不是完全超定，也不是完全欠定，而是表现为一种混定形式。对观测数据与模型参数数目而言，$M>N$ 表现为超定，但 $G^{\mathrm{T}}G$ 的特征值有接近或等于零的情况（秩 $r<N$），又具有欠定性质。下面讨论混合问题的求解。

首先，构造目标函数 $\phi(m)$ 为

$$\phi(m) = E + \varepsilon^2 L = (d - Gm)^{\mathrm{T}}(d - Gm) + \varepsilon^2 m^{\mathrm{T}}m \tag{8-55}$$

令 $\dfrac{\partial \phi}{\partial m} = 0$ 得

$$(G^{\mathrm{T}}G + \varepsilon^2 I)m = G^{\mathrm{T}}d \tag{8-56}$$

式中，ε^2 称为阻尼因子。

如果所取 ε 足够大，那么该方法明显地使解的欠定部分达到极小，但是它同时也有使解的超定部分达到极小的趋势，其结果是所得到的解将不一定会使预测误差极小，因而它

本身也就不会是真实模型参数的一个非常好的估计。如果令 ε 等于零，则将使预测误差极小，但是却不存在任何先验信息用于选出欠定的模型参数。不过，有可能找出 ε 的折中值，在使欠定部分解的长度近似极小的同时使 E 近似达到极小（分辨率和稳定性最佳）。此时混合问题的阻尼最小二乘解为

$$\hat{m} = \left[G^{\mathrm{T}}G + \varepsilon I \right]^{-1} G^{\mathrm{T}}d \tag{8-57}$$

5. 模型先验信息的利用

把关于模型 m 的先验信息 m_0 表示为

$$m_0 = Im + \Delta m \tag{8-58}$$

式中，I 为单位矩阵；Δm 为猜测误差。对于新获得的数据，假定它满足以下矩阵方程式：

$$Gm = d + \delta d \tag{8-59}$$

式中，δd 表示观测误差向量。按照以下组合和分块矩阵的记法构造新的矩阵和向量：

$$y = \begin{bmatrix} d \\ m_0 \end{bmatrix} \qquad A = \begin{bmatrix} G \\ I \end{bmatrix} \qquad e = \begin{bmatrix} \delta d \\ \Delta m \end{bmatrix} \tag{8-60}$$

则可以把式（8-59）和式（8-60）合并为一个新的方程：

$$y = Am + e$$

如果把数据和模型的协方差矩阵也按以下方式合成一个新的协方差矩阵：

$$C = \begin{bmatrix} C_d & 0 \\ 0 & C_m \end{bmatrix}$$

则利用最大似然解估计的公式 $y = Am + e$ 可得

$$\hat{m} = (A^{\mathrm{T}}C^{-1}A)^{-1}A^{\mathrm{T}}C^{-1}y \tag{8-61}$$

把各个分块矩阵代入式（8-61），有

$$
\begin{aligned}
\hat{m} &= \left\{ \begin{bmatrix} G^{\mathrm{T}} \cdots I \end{bmatrix} \begin{bmatrix} C^{-1} \cdots 0 \\ \vdots & \vdots \\ 0 \cdots C_m^{-1} \end{bmatrix} \begin{bmatrix} G \\ \vdots \\ I \end{bmatrix} \right\}^{-1} \begin{bmatrix} G^{\mathrm{T}} \cdots I \end{bmatrix} \begin{bmatrix} C_d^{-1} \cdots 0 \\ \vdots & \vdots \\ 0 \cdots C_m^{-1} \end{bmatrix} \begin{bmatrix} d \\ \vdots \\ m_0 \end{bmatrix} \\
&= \left\{ \begin{bmatrix} G^{\mathrm{T}}C_d^{-1} \cdots C_m^{-1} \end{bmatrix} \begin{bmatrix} G \\ \vdots \\ I \end{bmatrix} \right\}^{-1} \begin{bmatrix} G^{\mathrm{T}}C_d^{-1} \cdots IC_m^{-1} \end{bmatrix} \begin{bmatrix} d \\ \vdots \\ m_0 \end{bmatrix} \\
&= (G^{\mathrm{T}}C_d^{-1}G + C_m^{-1})^{-1}(G^{\mathrm{T}}C_d^{-1}d + IC_m^{-1}m_0)
\end{aligned}
\tag{8-62}
$$

于是，便得到了应用模型的先验估计来确定线性反问题的解估计的反演公式。

在使用上述公式时，要求关于模型的先验知识 m_0 与数据 d 线性无关，即它不能由 d 直接或间接获得。

第三节 地震相控非线性随机反演

目前，在复杂油气藏储层预测中广泛应用的地震反演方法主要有：（1）基于地震数据

的声波阻抗直接反演；（2）基于模型的测井约束反演；（3）基于地质统计的随机模拟与随机反演。其中，基于地震数据的声波阻抗直接反演方法受初始模型的影响小，忠实于地震数据，反映储层的横向变化可靠，但分辨率较低。基于模型的测井约束反演可以得到多种测井属性的反演结果，分辨率较高，但受初始模型的影响严重，存在多解性，只有井数多，才能得到较好的结果。随机反演可以进行各种测井属性的模拟与岩性模拟，分辨率高，与测井数据吻合性较好，能较好地反映储层的非均质性，受初始模型的影响小，但是反演结果受不同的统计参数影响（如变差函数），因此要求有较多的测井参与模拟与反演，还要求统计特征服从正态分布、对数正态分布或能通过转换形成上述分布，计算量大，人为因素影响大，不利于推广应用。

综合考虑上述三种反演方法的优缺点，如果将模型法中的构造层位控制思想同井约束反演中的井约束外推算法结合，那么既可解决单一的井约束反演方法中低频趋势的选取问题，同时又克服了模型法反演中给定初始模型的问题。因此笔者成功地推导并提出了地震相控非线性随机反演方法，它具有取各类方法所长，避其所短的特点，在充分吸取宽带约束反演与模型法反演优点的同时，将标准化或重构之后的测井资料与地震信息有机结合，采用非线性最优化理论、随机模拟算法（Shanor 等，2001；慎国强等，2004；Sams M S 等，2004），保证了反演结果具有明确的地质意义又有较高的纵向分辨率和好的预测性，使反演理论及方法得以创新和发展。

一、地震相控约束外推计算

地震相是沉积相在地震剖面上的反映，任何一种地震相均有特定的地震反射特征，即具有特定的几何形态、内部结构，并对应相应的沉积相。根据地震相的外部几何形态及其相互关系、内部结构，依据其在区域构造背景的位置，结合井的资料进行相转化，可以在宏观上初步确定其对应的沉积相。

为此可以在地震剖面上对沉积体系进行宏观划分并确定相界面或层序界面，如图 8-1 所示，地震相在地质学上常常对应百米级沉积层序，相应的层序界面是大尺度界面，其在

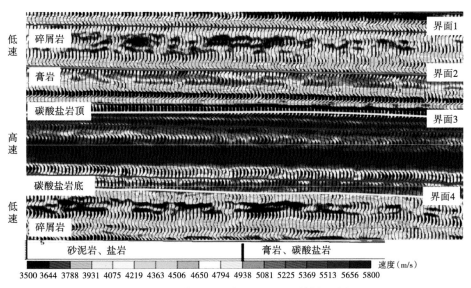

图 8-1　地震相模型及层序界面和地震传播速度解释

反演过程中的主要作用是控制反演的低频趋势，为反演提供约束条件，减少地震反演和解释的多解性。

在三维地震剖面上解释层序界面或相界面，使得宏观模型与构造解释的断层、地层起伏特征密切相关，利用该方法可以在平面上和三维空间上勾画出目的层不同层序间的匹配关系，为地震相控约束反演提供约束条件。反演过程中由于采用了随机反演算法，因此对地震相界面的划分和宏观模型的建立允许在纵向上有误差。考虑地下地质的随机性，相控外推计算中采用多项式相位时间拟合方法建立道间外推关系。具体做法是在相界面控制的时窗范围内从井出发，将测井资料得到的先验模型参数向量或井旁道反演出的模型参数向量，沿多项式拟合出的相位变化方向进行外推，参与下一地震道的约束反演。

设 N 为给定的正整数，给定数值 $f(-N)$，$f(-N+1)$，$\cdots$，$f(N)$ 则可用一个 $2N$ 多项式拟合数据 $f(x)$，有

$$f(x) = c_0 p_0(x) + c_1 p_1(x) + \cdots + c_n p_n(x) \tag{8-63}$$

式中，每个 $p_i(x)(i=0, 1, 2, \cdots, n)$ 为 x 的 i 次多项式，且满足：

$$\begin{cases} p_0(x) = 1 \\ \sum p_k(x) p_m(x) = 0 \end{cases} \tag{8-64}$$

$p_k(x)$ 与 $p_m(x)(k \neq m)$ 相互正交。由 $p_0(x) = 1$ 可以递推出全部的 $p_i(x)(i > 0)$。一般情况下，对地震信号来说，用三次多项式拟合即可。

由式（8-64）可得

$$c_0 = \sum_{-N}^{N} p_0(x) f(x) / \sum_{-N}^{N} p_0^2(x) \tag{8-65}$$

有一般形式：

$$c_k = \sum_{-N}^{N} p_k(x) f(x) / \sum_{-N}^{N} p_k^2(x), \quad k = 0, 1, 2 \cdots, n \tag{8-66}$$

在地震相模型的控制下，通过原始数据将各个单个反演问题结合成一个联合反演问题，可以降低反演在描述参数几何形态时的单个反演问题的自由度，从本质上提高了地球物理研究的效果。

二、地震道非线性随机反演原理

在二维空间，通过储层变量形成高斯场中的一系列数值，再由随机模拟得到其他未知空间点所具有的可能的储层参数值。实践表明，通过随机模拟得到的空间储层参数体在统计特性上具有相同的概率，并且与已有的实测数据结果具有同样的吻合程度。

地震随机反演方法正是基于这种思想，以地震、测井、地质资料为基础，将地质统计模拟与地震反演紧密结合。地震随机反演处理得到高分辨率的波阻抗或速度结果，进而得到多种地层地质属性结果。在随机模拟过程中，用到了高斯模拟算法，地震反演则是以广义非线性反演算法为基础。

1. 随机模拟处理
随机反演的模拟处理通过建立在地质统计关系基础上的高斯模拟来实现。

1）用变差函数建立统计关系

随机模拟是通过建立变差函数来描述空间数据场中数据之间的相互关系，进而达到建立起空间储层参数点之间的统计相关函数的目的。变差函数是指区域化变量 **Z** 在 x、$x+h$ 两点处的增量的半方差：

$$G(x，h) = \frac{1}{2} \sum \left[z(x) - z(x+h) \right]^2 \qquad (8-67)$$

在实际应用过程中，该变差函数是由样品来估算的，得到的函数称为实验变差函数 $G(x，h)$。以实验变差函数的滞后距 h 为横坐标，$G(x，h)$ 为纵坐标，可以得到变差函数图。变差函数图中有两个主要特征值，即基台值变程和块金常数，这两个特征值可以由实验变差函数通过理论模型拟合得到。其中：

变程（Range）是指区域化变量（反映为地质储层参数）在该距离范围内，空间点之间具有的相关性。当变程在空间不同方向发生变化时，就反映了储层在空间上的各向异性特征。通常情况下，对某一地层进行平面变差函数分析时，会发现变程在不同方向上是不一样的，一般呈现出一种近似椭圆形的分布特征，长轴代表储层参数变化的延伸方向；短轴代表其展宽方向。在对储层厚度进行分析时，长轴代表物源方向；而在剖面上分析时，长轴与短轴的比例关系则与该剖面上储层的宽厚比相一致。

基台值（Sill）代表了区域化变量在空间上的总变异性大小，即变差函数在滞后距 h 大于变程的值。

块金常数（Nugget）是变差函数在原点处的间断性，反映了变量的连续性很差，甚至平均的连续性也没有，即使在很短的距离内，变量的差异也很大，不过对于储层参数的变差函数，基本上不会存在块金效应。

变差函数的这些特征值可以用来反映储层参数的空间变化特征。其中变程的大小不仅能反映某区域变量在某一方向上变化的大小，而且还能从总体上反映出区域化变量的载体（如砂体）在某个方向的平均尺度，从而可利用变程来预测砂体在某个方向上的延伸尺度，达到实现预测砂体规模的目的。

为了对区域化变量的未知值作出估计，需要将实验变差函数用相应的理论变差函数进行拟合处理。这些理论拟合模型将直接参与随机估算。根据不同地质情况得到的不同变差函数散点分布，会具有不同的形态，此时利用近似形态的理论模型曲线可以得到好的应用效果。实际工作中所用到的更加复杂的变差函数也可以通过这些已有的理论模型拟合而成。图 8-2 说明了随机模拟特征，反映通过正确的随机函数，可以有效地预测平面上任一点的变化结果。

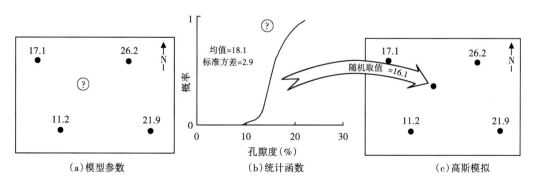

图 8-2　随机模拟的预测过程示意图

2) 序贯高斯模拟

高斯模拟是将地质变量作为符合高斯分布的随机变量，空间上作为一个高斯随机场，以高斯随机函数来描述。而序贯模拟是将空间某一位置未知量的某邻域内所有已知的数据（包括原始测量数据和先前已模拟得到的数据）作为模拟初始条件，对该未知量进行模拟，得到的模拟结果作为后续模拟的条件数据，继续进行下一步的未知量模拟。因此，序贯高斯模拟是一种应用高斯概率理论和序贯模拟算法产生连续变量空间分布的随机模拟方法。

2. 非线性反演算法

假设反射系数序列模型 r 可表示为

$$r(t) = \sum_{i=1}^{L} \frac{z_{i+1} - z_i}{z_{i+1} + z_i} \delta \left[t - i\Delta t \right], \ i = 1, \ 2, \ \cdots, \ L \tag{8-68}$$

式中，Δt 为采样间隔。地震道可表示为

$$s(t) = w * \sum_{i=1}^{L} \frac{z_{i+1} - z_i}{z_{i+1} + z_i} \delta \left[t - i\Delta t \right] + n(t) \tag{8-69}$$

式中，地震道与波阻抗的关系是非线性的，因而称为非线性反演。

在解上述非线性问题时，为便于求解常采用线性反演方法来求解，这样就大大地降低了反演的精度。基于非线性最优化理论，提出了地震道非线性最优化反演的思想，其目标函数为

$$f(z) = \|s - d\| \to \min \tag{8-70}$$

式中，z 为波阻抗；s 为模型响应；d 为实际地震记录。

利用泰勒级数将式（8-63）在给定的波阻抗初始值 z_0 附近展开得

$$\Delta f(z_0) = G(z_0)\Delta z_0 + \frac{1}{2}H(z_0)\Delta z_0^2 \tag{8-71}$$

式中，$\Delta f(z_0) = f(z_0 + \Delta z_0) - f(z_0)$；$\Delta z_0$ 为修正量；$G(z_0)$ 称为 $f(z_0)$ 在 z_0 的梯度；$H(z_0)$ 称为 $f(z_0)$ 在 z_0 的海色矩阵，为对称正定矩阵；其中矩阵 $G(z_0)$ 和 $H(z_0)$ 的每个元素分别为

$$g_i = 2(w * r - d)^{\mathrm{T}} \cdot \frac{\partial r}{\partial z_i}$$

$$h_{ij} = \frac{\partial g_i}{\partial z_j} = 2(w * \frac{\partial r}{\partial z_0})^{\mathrm{T}} \cdot (w * \frac{\partial r}{\partial z_i}) + 2(w * r - d)^{\mathrm{T}}(w * \frac{\partial^2 r}{\partial z_i \partial z_j}) \tag{8-72}$$

令式（8-72）对 Δz_0 的一阶导数为零，则式（8-72）可简化为

$$\Delta z_0 = -H^{-g}(z_0)G(z_0) \tag{8-73}$$

式中，H^g 为矩阵 H 的广义逆。

为保持反演解的稳定性，将模型参数和噪声作为约束条件加入式（8-73）的运算中，于是地震道的反演可归结为求

$$\Delta z = -(H^{\mathrm{T}}H + C_n C_z^{-1})^{-1} H^{\mathrm{T}} G \tag{8-74}$$

$$z = z_0 + \Delta z \tag{8-75}$$

式中，C_n 为噪声的协方差矩阵，C_z 为模型的协方差矩阵。

梯度向量和海色矩阵的计算：

$$G_i = 2(W * R - D)^\mathrm{T} \cdot \left(W * \frac{\partial R}{\partial V_i}\right) \tag{8-76}$$

$$G = 2(W * R - D)^\mathrm{T} \cdot W * \begin{bmatrix} \dfrac{\partial R_1}{\partial V_1} & \dfrac{\partial R_1}{\partial V_2} & \cdots & \dfrac{\partial R_1}{\partial V_m} \\[2ex] \dfrac{\partial R_2}{\partial V_1} & \dfrac{\partial R_2}{\partial V_2} & \cdots & \dfrac{\partial R_2}{\partial V_m} \\[2ex] \vdots & \vdots & \ddots & \vdots \\[2ex] \dfrac{\partial R_n}{\partial V_1} & \dfrac{\partial R_n}{\partial V_2} & \cdots & \dfrac{\partial R_n}{\partial V_m} \end{bmatrix} \tag{8-77}$$

式中，n 为采样点数，m 为地层数。

$$h_{ij} = \frac{\partial G_i}{\partial V_j} = 2\left(W * \frac{\partial R}{\partial V_j}\right)^\mathrm{T} \cdot \left(W * \frac{\partial R}{\partial V_i}\right) + 2(W * R - D)^\mathrm{T} \cdot \left(W * \frac{\partial^2 R}{\partial V_i \partial V_j}\right) \tag{8-78}$$

$$H = 2\left(W * \frac{\partial R}{\partial V_j}\right)^\mathrm{T} \cdot \left(W * \frac{\partial R}{\partial V_i}\right) + 2(W * R - D)^\mathrm{T} \cdot W * \begin{bmatrix} \dfrac{\partial^2 R_1}{\partial V_1^2} & \dfrac{\partial^2 R_1}{\partial V_1 \partial V_2} & \cdots & \dfrac{\partial^2 R_1}{\partial V_1 \partial V_m} \\[2ex] \dfrac{\partial^2 R_2}{\partial V_2 \partial V_1} & \dfrac{\partial^2 R_2}{\partial V_2^2} & \cdots & \dfrac{\partial^2 R_2}{\partial V_2 \partial V_m} \\[2ex] \vdots & \vdots & \ddots & \vdots \\[2ex] \dfrac{\partial^2 R_n}{\partial V_m \partial V_1} & \dfrac{\partial^2 R_n}{\partial V_m \partial V_2} & \cdots & \dfrac{\partial^2 R_n}{\partial V_m^2} \end{bmatrix}$$
$$\tag{8-79}$$

在实际资料反演过程中，先根据井的波阻抗资料及地震相划分结果建立一个地下波阻抗模型 z_0，即固定点模型，然后利用井的波阻抗和井旁地震道求出控制参数，就可以进行井约束相控非线性随机反演。

地震道非线性随机反演可按下列流程实现（图 8-3）。

三、地震反演效果分析

饶阳凹陷蠡县斜坡研究目的层为东营组三段至沙河街组三段共 6 个层段，对其进行频谱分析，确定目的层地震资料主频为 23Hz，频带宽度为 7~42Hz，在能量相对较弱的高频信号（42~70Hz）中包含部分反映薄层变化的信息。

从东营组三段至沙河街组三段目的层段地层厚度约 500m，地震频谱分析发现，从东营组到沙河街组随着目的层埋藏深度的增加，地震反射能量逐渐减弱，子波主频降低 2~3Hz。如果目的层整体反演将会出现由于反演时窗过大而产生平均效应，不利于薄层的识别和储层的预测。因此，基于地震主频和低频速度的变化情况，可将相对稳定段划分在一个反演时窗内，采取分段反演的方法获得多个反演数据体。将东营组三段至沙河街组一段下亚段（特殊岩性段）定为上段反演，下段反演从沙河街组二段上亚段（尾砂岩段）至沙河街组三段。

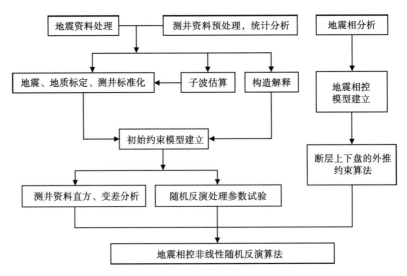

图 8-3 地震相控非线性随机反演流程

以测井和地震资料为基础，通过典型测井、岩性柱以及速度界面的深入分析，确定 7 个界面的地震响应，分别是东营组三段顶、沙河街组一段顶、沙河街组一段上亚段顶、沙河街组一段下亚段（特殊岩性段）顶、沙河街组二段上亚段（尾砂岩段）顶、沙河街组二段下亚段顶、沙河街组三段顶，在此基础上制作合成地震记录。精确的井震标定可以为构造、沉积、测井资料和测井相提供有机结合的基础，利用频谱扫描技术，对叠前时间偏移地震纯波资料进行主频和频宽分析，确定井震匹配参数，同时，为叠后地震反演子波主频的确定提供参数。

以原始合成记录标定为基础，以储层速度分析、测井解释成果、试油成果为依据，通过子波调整进行二次精细标定，确定小层位置，如图 8-4 为饶阳凹陷高 103 井初次标定与

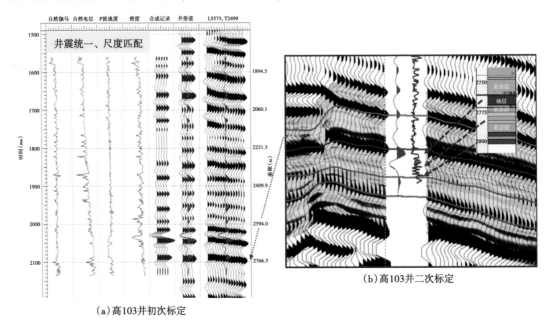

（a）高103井初次标定

（b）高103井二次标定

图 8-4 饶阳凹陷高 103 井井震标定结果

二次精细标定剖面，从图中可以看出，初次标定后，地震合成记录标定结果与钻井分层一致，经过二次标定后，标定的结果与储层一致。

利用地震相控非线性随机反演技术在饶阳凹陷东营组和沙河街组 7 个层序界面和 80 口井的约束下，对蠡县斜坡 500km² 叠后三维地震资料进行分段反演，获得了东营组至沙河街组一段下亚段（特殊岩性段）和沙河街组二段上亚段（尾砂岩段）至沙河街组三段两套反演速度数据体，抽取反演速度剖面可以看到下面 5 个明显的特征。

1. 反演剖面岩性特征明显

图 8-5 是从东营组至沙河街组一段下亚段（特殊岩性段）反演体（上段）中抽取的高 103—高 43 井连井反演剖面。结合岩石物理统计结果可以看出，储层与非储层速度差异明显，其中泥岩速度分布于 2500～3430m/s 之间，砂岩速度分布于 3325～3955m/s 之间，石灰岩速度分布于 3850～4480m/s 之间。高 103 井和高 43 井两口井岩性和测井解释成果与井旁反演速度对应关系较好。

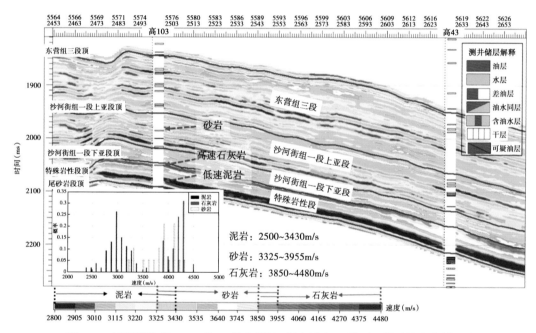

图 8-5　饶阳凹陷高 103—高 43 井东营组至沙河街组一段下亚段反演连井剖面图

图 8-6 是从沙河街组二段上亚段（尾砂岩段）至沙河街组三段反演体（下段）中抽取的高 103—西柳 10-128 井连井反演剖面，图中储层与非储层速度差异明显，其中泥岩速度分布于 2500～3700m/s 之间，砂岩速度分布于 3600～4100m/s 之间，致密层速度分布于 4000～4800m/s 之间。高 103 井和西柳 10-128 井测井解释成果与井旁反演速度一致，反演剖面能够较好地反映岩性的变化。

2. 反演分辨率高

从反演剖面上可以看出反演结果与测井吻合较好，图 8-7（a）中高 11 井深度 2233.6～2236.2m 井段 2.6m 厚的水层在反演剖面上可以见到显示；图 8-7（b）中高 102 井深度 2398～2402m 4m 厚的含油水层可以有效识别，反演分辨率高。

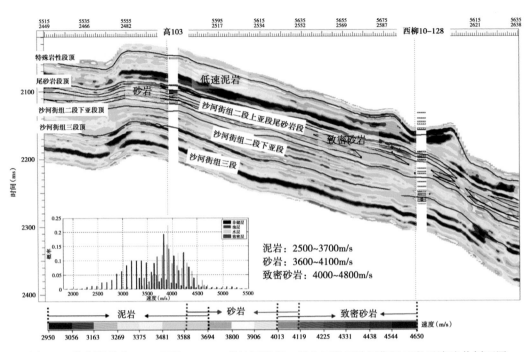

图 8-6　饶阳凹陷高 103—西柳 10-128 井沙河街组二段上亚段至沙河街组三段反演连井剖面图

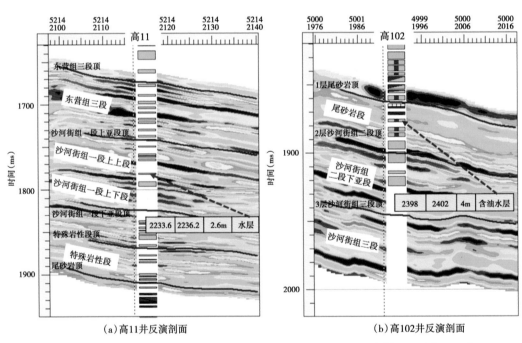

（a）高11井反演剖面　　　　　　　（b）高102井反演剖面

图 8-7　饶阳凹陷过高 11 井的东营组至沙河街组一段下亚段反演剖面和过高 102 井
的沙河街组二段上亚段至沙河街组三段反演剖面

3. 井间关系清楚

饶阳凹陷高 35-5 井沙河街组二段上亚段（尾砂岩段）2624.6~2630m 解释为含油水层，高 35-3 井 2660~2662m 井段解释为油层，出现了"高水低油"的矛盾。图 8-8 是从沙河街组二段上亚段（尾砂岩段）至沙河街组三段反演体（下段）中，任意抽取的高 35 井区 5 口井的连井反演剖面。在反演剖面上清晰地展现了井间砂岩小层的横向变化与油水关系，精细解释后发现高 35-3 井的油层追踪解释为沙河街组二段上亚段（尾砂岩段）C3 砂组，而高 35-5 井的含油水层追踪解释为沙河街组二段上亚段（尾砂岩段）C2 砂组，并不是一层砂体，这就很好地解释了"高水低油"的矛盾。利用本次反演成果不仅可以预测井间储层的横向变化，解决层间矛盾等问题，而且还有利于发现岩性圈闭的油气潜力。

4. 地震波形内的岩性变化清晰成像

图 8-9 为饶阳凹陷高 103—高 43 井连井反演剖面与地震剖面叠合图，可以看出反演剖面（彩色）的细节变化同地震波形（黑色）的差异完全一致，反演剖面的纵、横向变化随着地震剖面的振幅、频率、相位变化而不同，较好地表征了地震波形参数的差异，使地震剖面中用肉眼无法看到而又客观存在的、隐蔽的储层特征，在反演速度剖面上清晰成像。

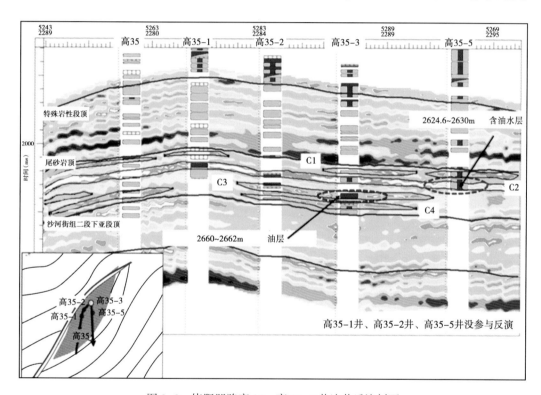

图 8-8　饶阳凹陷高 35—高 35-5 井连井反演剖面

5. 反演预测性好

对反演预测性的评价主要从两个方面进行：一是井资料参与反演和不参与反演的结果对比；二是检验井的储层或岩性与反演吻合情况的分析。图 8-10（a）为饶阳凹陷西柳 10-128 井未参与反演的反演剖面，图 8-10（b）为西柳 10-128 井参与反演的反演剖面，通过对比可以看出西柳 10-128 井参与反演前后，仅在井旁左右四道可见明显差异（井参与计算所致），远离井控差异逐渐减小，更多反映地震波形的内在变化，反演结果具有较好的预测性。

图 8-11 是从饶阳凹陷东营组至沙河街组一段下亚段（特殊岩性段）反演体（上段）中抽取的过高 106 井的反演剖面。该井为没参与反演的检验井，从反演结果与高 106 井录

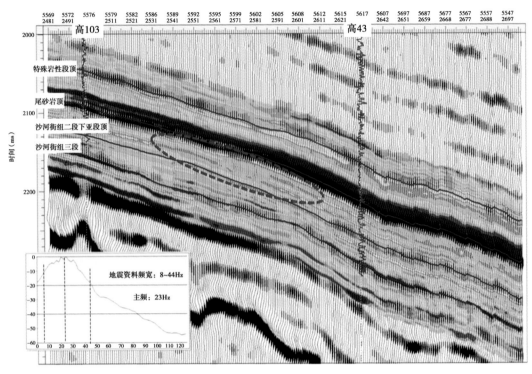

图 8-9　饶阳凹陷高 103—高 43 井连井反演剖面和地震剖面叠合图

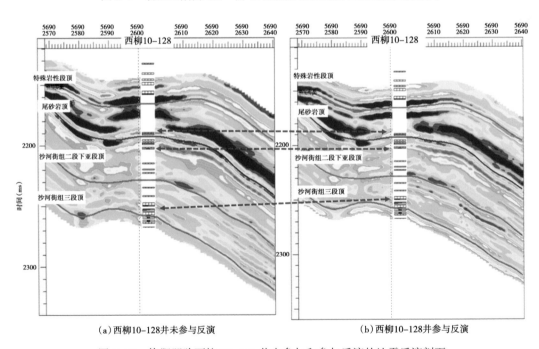

（a）西柳10-128井未参与反演　　　　　　　　　　（b）西柳10-128井参与反演

图 8-10　饶阳凹陷西柳 10-128 井未参与和参与反演的地震反演剖面

井和测井解释成果的对比可以发现，岩石物理中统计的中—高速砂岩与反演剖面上的速度
一致，沙河街组一段下亚段（特殊岩性段）底部的低速泥岩清晰可见，两者吻合较好。

　　由此可见，在原始地震数据体一定的条件下，反演约束井的多少对最终的反演没有产

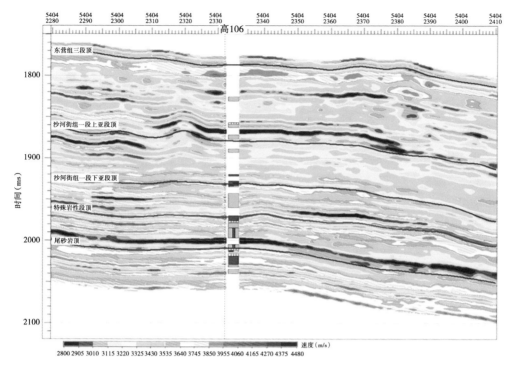

图 8-11 饶阳凹陷过 106 井的东营组至沙河街组一段下亚段反演剖面

生根本性变化的影响，反演结果的纵横向变化主要取决于地震原始资料品质，研究中采用的相控非线性地震反演技术具有较好的预测性。

四、储层空间展布特征

1. 高精度追踪解释储层

饶阳凹陷目的层段（东营组三段至沙河街组三段）共解释出 7 个层序界面。

沙河街组一段下亚段（特殊岩性段）和沙河街组二段上亚段（尾砂岩段）为主要含油层段。图 8-12 为从沙河街组二段上亚段（尾砂岩段）至沙河街组三段反演体（下段）中抽取的高 44-10—高 102 井连井反演剖面，以高 102 井为例，在沙河街组二段上亚段（尾砂岩段）测井解释的 6 个小层中，地震反演剖面可识别 4 个小层。高 102 井测井解释的致密层（2377.3~2381.2m）与油层（2381.2~2383.3m），小层追踪解释为沙河街组二段上亚段（尾砂岩段）C1 砂组；测井解释的含油水层（2398~2402m），小层追踪解释为沙河街组二段上亚段（尾砂岩段）C2 砂组；测井解释的含油水层（2409.3~2414m、2416~2421.7m），小层追踪解释为沙河街组二段上亚段（尾砂岩段）C3 砂组；测井解释的水层（2427~2439.5m），小层追踪解释为沙河街组二段上亚段（尾砂岩段）C4 砂组。

根据测井解释及反演结果，确定沙河街组一段上亚段 3 个小层、沙河街组一段下亚段（特殊岩性段）5 个小层、沙河街组二段上亚段（尾砂岩段）4 个小层、沙河街组二段下亚段 2 个小层、沙河街组三段 2 个小层，共计 16 个小层，砂层顶底共 32 个界面进行精细追踪解释（整体 2×2 追踪解释，井局部 1×1 解释）。图 8-13a 为沙河街组二段上亚段（尾砂岩段）C2 砂组底界面平面解释图，图 8-13b 为沙河街组二段上亚段（尾砂岩段）C3 砂组底界面平面解释图。

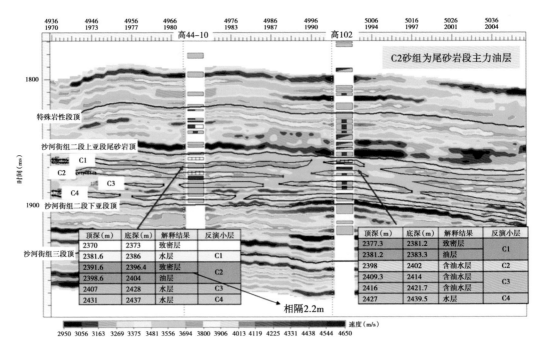

图 8-12 饶阳凹陷沙河街组二段上亚段（尾砂岩段）小层追踪解释

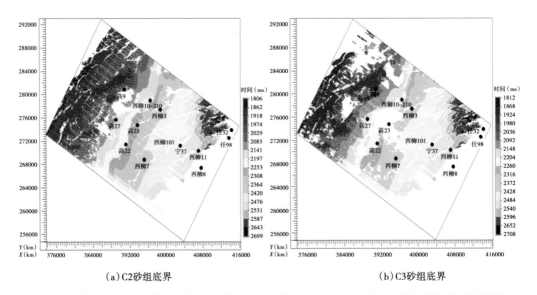

（a）C2砂组底界   （b）C3砂组底界

图 8-13 饶阳凹陷沙河街组二段上亚段（尾砂岩段）C2 砂组底界和 C3 砂组底界平面解释图

2. 储层厚度平面分布预测

利用图 8-14 所示储层厚度预测流程，根据饶阳凹陷目的层小层追踪解释结果，获得时间域储层厚度，由各井时深关系建立研究区时深转换模型，将时间域储层厚度转化为深度域，得到储层视厚度图。再用各井测井解释厚度对视厚度进行校正，编制出各个小层的真厚度图。

沙河街组一段上亚段受断层影响，两层砂体分布范围较小，主要发育三角洲前缘的水下分流河道和间湾沉积。

沙河街组一段上亚段发育 3 套砂体。沙河街组一段上亚段 C1 砂组砂体主要沿高阳和大百尺两大断层发育，砂体较薄，厚度主要为2~4m，最厚10m；沙河街组一段上亚段C2、C3砂组砂体局部发育，C2砂组较厚，厚度以4~8m为主；C3砂组较薄，厚度以2~4m为主（图8-15）。

沙河街组一段下亚段（特殊岩性段）发育4套砂组，C1、C2砂组以滨浅湖的滩坝为主，C3、C4砂组以三角洲前缘的席状砂沉积为主。C1砂组为石灰岩与砂岩的混合，石灰岩厚度薄，为1~4m，砂岩厚度小于8m；C2砂组砂体广泛发育于蠡县斜坡东部，厚度为3~9m，最厚12m；C3、C4砂组砂体大量尖灭，局部有砂体展布且厚度薄，厚度为2~6m，最厚8m（图8-16）。

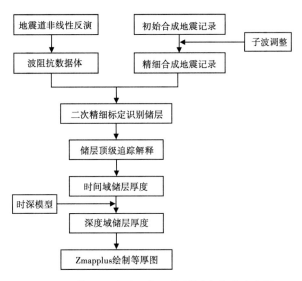

图8-14　饶阳凹陷沙河街组储层厚度求取流程图

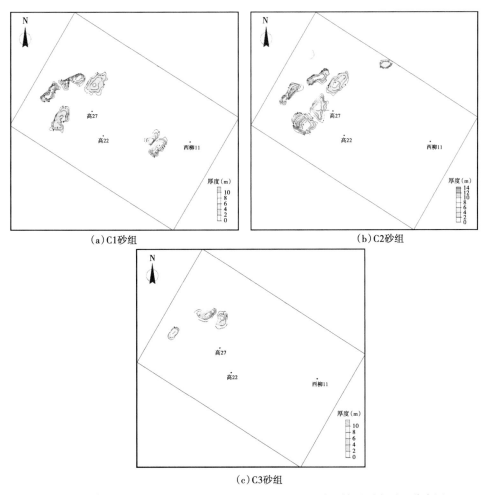

（a）C1砂组　　　　　　　　（b）C2砂组

（c）C3砂组

图8-15　饶阳凹陷沙河街组一段上亚段C1、C2和C3砂组储层厚度平面分布图

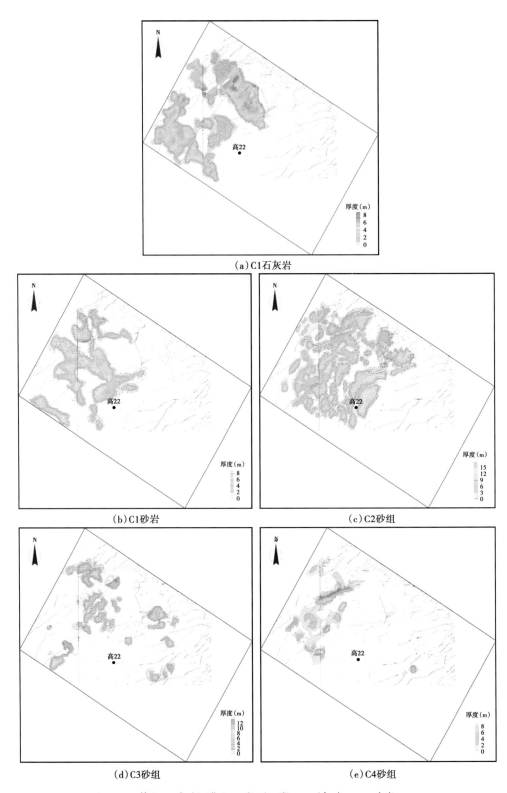

图 8-16　饶阳凹陷沙河街组一段下亚段 C1 石灰岩、C1 砂岩、C2、
C3 和 C4 砂组储层厚度平面分布图

位于沙河街组一段下亚段（特殊岩性段）顶部的石灰岩，分布广泛，沿工区西部呈条带状展布。石灰岩类型以生物灰岩、鲕粒灰岩为主。全区石灰岩厚度较薄，以 1~4m 为主，最厚可达 8m，厚度自工区东北向西南方向变薄，与沉积相研究一致。

图 8-17 分别为沙河街组二段上亚段（尾砂岩段）C1、C2、C3、C4 四个砂组厚度平面分布图，图中沙河街组二段上亚段（尾砂岩段）储层全区发育，片状、条带状特征明显，以三角洲内前缘的水下分流河道沉积为主，储层物性好，出油井点多，是研究区产油的主要目的层。在工区的中西部沙河街组二段上亚段（尾砂岩段）发育相对集中，其中 C2 砂组砂体分布最广，厚度相对较大，最厚可达 14m，为主要含油小层，C3 砂组次之。

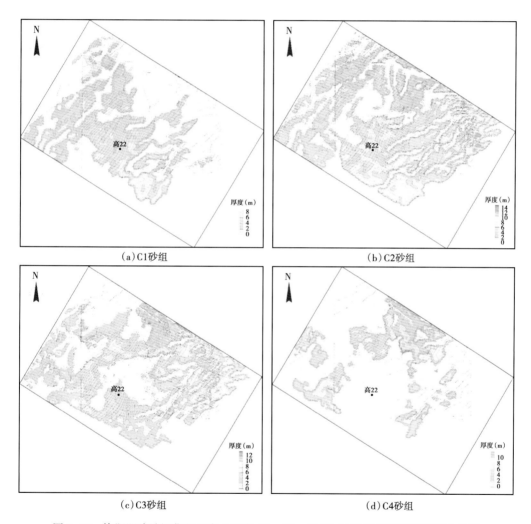

（a）C1砂组   （b）C2砂组

（c）C3砂组   （d）C4砂组

图 8-17　饶阳凹陷沙河街组二段上亚段 C1、C2、C3 和 C4 砂组储层厚度平面分布图

沙河街组二段上亚段（尾砂岩段）四个砂组虽然分布范围较广，但整体上厚度薄，以 3~6m 为主；其中 C4 砂组在沙河街组二段上亚段（尾砂岩段）的四个砂组中分布范围最小，主要发育在工区的西部和北部，厚度为 2~5m。

在地震反演速度体中，饶阳凹陷沙河街组二段下亚段可识别出 C1、C2 两套砂体(图 8-18)，储层主要分布在西柳 10 井、西柳 1 井和西柳 5 井区，厚度主要为 2~6m，最厚 9m。

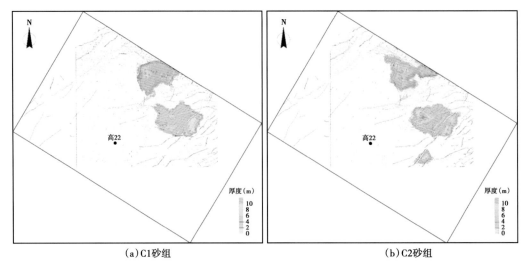

(a) C1砂组   (b) C2砂组

图 8-18　饶阳凹陷沙河街组二段下亚段 C1 和 C2 砂组储层厚度平面分布图

图 8-19 反映了饶阳凹陷蠡县斜坡沙河街组三段 C1 和 C2 砂组储层厚度分布特征。C1 和 C2 两套砂体分布范围较小，主要发育在高 43 井和高 2 井附近，厚度薄，以 2~4m 为主。

研究认为，沙河街组二段下亚段和三段的砂体以浅水三角洲和滩坝沉积为主，砂体尖灭频繁，只在工区内的局部井区发育且整体厚度薄。

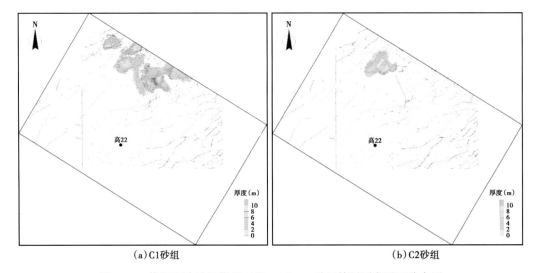

(a) C1砂组   (b) C2砂组

图 8-19　饶阳凹陷沙河街组三段 C1 和 C2 砂组储层厚度平面分布图

第九章 油气成藏和目标优选

第一节 油气成藏要素分析

一、烃源岩特征分析

饶阳凹陷蠡县斜坡共发育三套烃源岩：第一套是沙河街组一段下亚段特殊岩性段烃源岩；第二套是沙河街组三段暗色泥岩烃源岩；第三套是北部淀北洼槽沙河街组四段—孔店组暗色泥岩烃源岩。其中沙河街组一段下亚段烃源岩分布最为广泛，是蠡县斜坡最重要的烃源岩，而沙河街组三段和沙河街组四段—孔店组烃源岩远离斜坡，供油范围相对有限，是蠡县斜坡供油的次要烃源岩（表9-1）。

表 9-1　饶阳凹陷任西—蠡县斜坡各烃源岩层石油资源量评价表
（据饶阳凹陷三次资源评价，2007，修改）

区带	烃源岩层位	生油量（10^8t）	排油量（10^8t）	地质资源量（10^8t）	资源贡献率（%）	探明储量（10^8t）	剩余资源量（10^8t）	资源转化率（%）
蠡县斜坡	$Es_1^{下}$	7.46	3.76	0.95	74.22	0.6154	0.3346	65
	Es_3	2.25	1.26	0.32	25	0.1077	0.2133	34
	Es_4—Ek	0.11	0.05	0.01	0.78		0.01	
	合计	9.82	5.07	1.28		0.7231	0.5579	56

饶阳凹陷沙河街组一段烃源岩在蠡县斜坡分布很广泛，几乎遍布整个斜坡，在任西、肃宁洼槽厚度最大，多为25m以上，最大可达70m，在斜坡北部也有发育，厚度为10～25m。沙河街组一段下亚段烃源岩有机碳含量普遍较高，任西洼槽—蠡县斜坡东北部为高值区，有机碳含量平均为3.01%～3.28%，向南部逐渐减小；蠡县斜坡南部中、外带为低值区，有机碳含量平均小于0.5%，为非烃源岩。沙河街组一段下亚段烃源岩氯仿沥青"A"的含量平均为0.47%，任西洼槽为高值区，最高可达0.7%，总烃含量平均值为2693μg/g。宁4井有机碳含量为1.63%，氯仿沥青"A"含量为0.12%，总烃含量为676μg/g；宁45井有机碳含量为1.67%，都达到了好烃源岩标准。

饶阳凹陷蠡县斜坡沙河街组一段下亚段烃源岩基本上全部进入未成熟—低成熟油生成阶段，具备了形成大量未成熟—低成熟油的条件。

饶阳凹陷蠡县斜坡沙河街组三段烃源岩是饶阳凹陷成熟原油的主要烃源岩，对斜坡油气富集有贡献的烃源层仅局限分布在斜坡带内的任西洼槽中北部以及较远的肃宁洼槽中。沙河街组三段暗色泥岩的有机碳含量（TOC）中等，平均值为0.75%，氯仿沥青"A"和总烃等可溶有机质含量相对较高，平均为0.2278%和1680μg/g，烃/TOC高达19.3%～23.1%，为一套中等—好的烃源岩。沙河街组三段烃源岩有机质类型以偏腐泥的混合型

149

（Ⅱ₁）为主，全部样品氢指数（HI）小于 400mg/g，处于大量生油成熟阶段，对应埋深为 2800～4000m，温度为 101～130℃，镜质组反射率（R_o）值为 0.5%～0.9%。

饶阳凹陷蠡县斜坡沙河街组四段—孔店组烃源岩主要分布在斜坡北端的淀北洼槽，该套烃源岩展布方向为北西向，平均厚度为 50～120m，局部含膏。有机碳含量平均为 0.83%，氯仿沥青 "A" 含量平均为 0.045%，有机质类型以Ⅱ₂型为主，R_o 分布在 0.64%～1.15% 之间，目前处于成熟门限以下，是一套中等烃源层，在白洋淀地区为主力烃源层。

饶阳凹陷蠡县斜坡主要烃源层的沙河街组一段下亚段特殊岩性段，当埋深大于 2520m 时就可以生成和排出大量未成熟—低成熟油。由于沙河街组一段下亚段特殊岩性段是由东向西逐渐抬升、变浅，在斜坡较高部位烃源层埋深小于 2520m，难以生成和排出未成熟—低成熟油，不利于油气藏的形成。也就是说研究区沙河街组一段下亚段特殊岩性段烃源层的烃源由东向西逐渐减少，东部成藏条件要好于西部。总体上，生油洼槽和沙河街组一段下亚段有效烃源岩分布范围控制了油气分布，目前所发现的油藏绝大多数处于生油洼槽和有效烃源岩范围内及周边，斜坡北段油气最为富集，其次是斜坡中段。

二、储层发育特征

饶阳凹陷蠡县斜坡沙河街组二段上亚段（尾砂岩段）发育浅水三角洲内/外前缘水下分流河道微相，砂体分布广泛，砂岩平均厚度为 8m；沙河街组一段下亚段（特殊岩性段）发育滨浅湖沿岸砂质滩坝和生物碎屑滩，储层物性好，储盖组合较好。蠡县斜坡三角洲分流河道及河口坝是孔隙度、渗透率最好的两种微相，孔隙度可达 25%～30%，渗透率近 20mD。

饶阳凹陷蠡县斜坡沙河街组二段以及一段砂体分布广且厚度大，有利储集砂体范围也较广，覆盖了斜坡的大部分区域。蠡县斜坡北部沙河街组二段有利砂体厚度为 25～40m，有利含砂率范围为 22%～32%。蠡县斜坡南部由于是主物源区，砂体太厚或者含砂率太高的话，不利于油气的聚集和保存，因此斜坡南部沙河街组二段有利储集砂体厚度范围为 28～45m，含砂率范围为 15%～25%。

三、生储盖组合特征

饶阳凹陷蠡县斜坡古近纪的发展演化经历了断陷分割充填—断陷扩张—断陷萎缩—断坳扩展—断坳抬升消亡五个阶段，具有冀中坳陷古近纪和新近纪的断陷湖盆特征。但古气候条件、古构造环境、沉积物供给速率及凹陷沉降幅度的差异，造成研究区古近系砂泥岩互层特征的差异，纵向上形成了多套生储盖组合，为油气的复式成藏创造了条件。

1. 上生下储组合

上生下储生储盖组合主要分布于研究区北部淀南地区古近系沙河街组四段—孔店组和中南部高阳地区沙河街组一段下亚段，其中孔店组砂体充当储集岩，沙河街组四段泥岩充当生油层和盖层，组成了一套物性较差的上生下储型组合。而中南部沙河街组一段下亚段的特殊岩性段和下伏尾砂岩组成的上生下储型生储盖组合是蠡县斜坡最重要的组合类型。此外，北部地区发育的潜山类型油藏是上部沙河街组四段—孔店组烃源岩生成的油气沿不整合面、断裂面和裂缝系统向潜山运移的结果。

2. 自生自储组合

由于沉积旋回造成砂泥岩互层，在纵向上构成了多套生储盖组合。其中包括沙河街组四段、三段、二段和一段等多套不同的自生自储型组合。各套组合均为下部的浅湖暗色泥岩充当烃源岩，中部的辫状河三角洲砂体充当储层，上部的滨浅湖、辫状河三角洲、河流泥岩充当盖层。

3. 下生上储组合

下生上储生储盖组合主要分布于沙河街组一段和东营组。其中沙河街组四段和三段湖泊泥岩充当烃源岩，沙河街组一段、东营组辫状河三角洲、河流砂体充当储层，东营组二段含螺泥岩充当盖层。该组合中储层物性较好，沙河街组一段上亚段储层平均孔隙度为13.0%~21.28%，平均渗透率为7.3~13.05mD，东营组三段储层平均孔隙度为14.67%~19.87%。盖层封闭性也同样良好，它们与下伏烃源岩相互配置，形成一组较好的生储盖组合。

四、油气运移条件分析

1. 输导体系构成

饶阳凹陷蠡县斜坡油气成藏具有沙河街组和东营组满坡含油的特点，整个斜坡烃源岩分布广泛，油气的聚集以就近聚集为主，因此对输导通道没有较高的要求。总体来看，蠡县斜坡存在三类油气运移通道，即断层、不整合面和连通砂体。断层在蠡县斜坡油气运移过程中起的垂向通道作用有限，仅在雁北等断层具有一定的垂向输导能力，把沙河街组四段—孔店组烃源岩生成的油气向上输送到同口北以及雁北斜坡等地区的上部层位中。此外，斜坡南部赵皇庄地区的一些小断层可能具有一定的垂向输导能力，斜坡北部一些断距较大的北东向顺向断层通常具有较好的侧向通道作用，是局部地区深层油气成藏的关键因素。

蠡县斜坡发育的两个区域不整合为孔隙—裂缝发育地带，可以成为油气侧向运移通道。两套不整合分别为沙河街组一段与二段之间的不整合、沙河街组二段与三段之间的不整合，两套不整合与其上下连通砂体配合，可以形成油气侧向运移的良好输导体系。

连通的砂体是饶阳凹陷蠡县斜坡最重要的输导体系。沙河街组二段尾砂岩和沙河街组一段特殊岩性段砂体垂向叠置，横向连片，侧向连通性也较好，具备成为油气运移通道的必要条件。

2. 油气运移模式分析

饶阳凹陷蠡县斜坡油气二次运移以短距离的侧向运移为主，同时也存在其他运移模式，所有运移模式共同控制了油气的运移和富集。

1）长距离侧向运移模式

长距离侧向运移模式主要发育在蠡县斜坡南部中、外带，这些地方砂体发育，且侧向连通性好，油气沿着沙河街组连通砂体向坡上进行长距离的侧向运聚，在鼻状构造带附近成藏，具有先向鼻状构造汇聚，再沿着轴部向坡上运移的特点。

2）垂向运移模式

饶阳凹陷蠡县斜坡存在较少的垂向运移模式，仅在斜坡北部的同口—雁翎地区以及南部的赵皇庄地区存在。前者主要是淀北洼槽沙河街组四段—孔店组烃源岩生成的油气由雁北等地区的断层进行垂向运移，将油气运送至浅层圈闭中成藏。

3）盖层控制下的局部溢出运移模式

盖层控制下的局部溢出运移模式实际是油气的再分配，主要发育在蠡县斜坡北部中、外带，比如斜坡南部高阳断层附近。运移主要特点为：油气沿优势输导通道运移过程中先充注通道上的圈闭，然后油气再沿盖层底面的溢出点溢出，接着向优势通道附近的其他圈闭聚集成藏，如高阳断层处各油藏连片分布形成的"油龙"。

4）穿越不整合面运移模式

穿越不整合面运移模式在蠡县斜坡出现较少，仅在蠡县斜坡外带部分地区存在，如高14井区。该运移模式的主要特征是不整合面上的连通砂体与不整合面下地层砂体对接后连通，油气沿不整合面上的连通砂体向坡上运移，至砂体对接处，便会穿越不整合面进入下部的砂体中聚集成藏。

饶阳凹陷蠡县斜坡北部油气运移的方向主要是顺着砂体进行运移，砂体充注油气丰度较高，而斜坡南部的油气主要来自饶阳凹陷，其运移方向是东北—西南向，平行于南部发育的主要断层，造成油气不能较好地沿着砂体进行充注，具有含油气面积小、油气藏较小的特点（图9-1）。

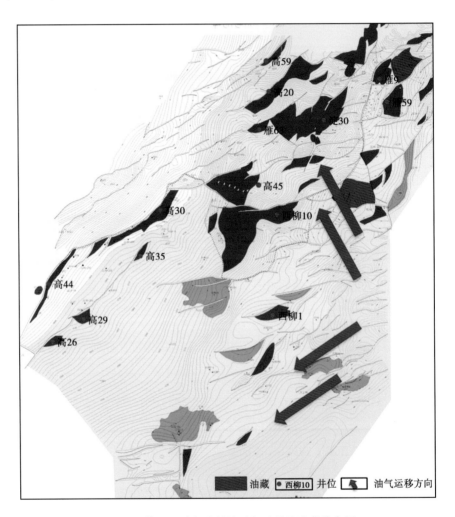

图9-1 饶阳凹陷蠡县斜坡油气运移及油藏分布图

五、油藏主控因素分析

饶阳凹陷蠡县斜坡油气分布特征的综合分析表明，烃源灶、输导体系、砂体和构造作用等地质要素控制了饶阳凹陷蠡县斜坡成藏作用。

1. 烃源岩控制油气分布

饶阳凹陷蠡县斜坡北部广泛发育多套烃源岩，导致北部油气分布较广，南部烃源岩相对单一，因此仅局部分布有油气。烃源岩对成藏控制作用明显。

1）烃源岩对油气平面分布的控制作用

饶阳凹陷蠡县斜坡烃源岩的发育情况对油气藏的分布具有明显的控制作用（图9-2）。由于蠡县斜坡北部发育三套烃源岩：沙河街组一段下亚段、沙河街组三段及紧邻同口地区的淀北洼槽沙河街组四段，三套烃源岩共同供烃，油源充足，导致北部具有满坡含油的特点，形成了不同来源的油藏。油源对比表明，大部分油气为沙河街组一段下亚段低成熟油，雁翎潜山为源自沙河街组三段上亚段的低成熟油，同口及刘李庄地区为来自淀北洼槽沙河街组四段成熟油，任西洼槽潜山为沙河街组三段下亚段的高成熟油。高20、雁68油藏为沙河街组四段成熟油与沙河街组一段下亚段低成熟油的混源油。南部油源仅在肃宁洼槽发育较厚的沙河街组一段下亚段烃源岩，沙河街组三段绝大部分为红层，有效烃源岩较少，相对于北部该区油源不充足，油藏仅零星分布，油气来源单一。现今斜坡发现的油气均源自沙河街组一段下亚段（图9-2）。

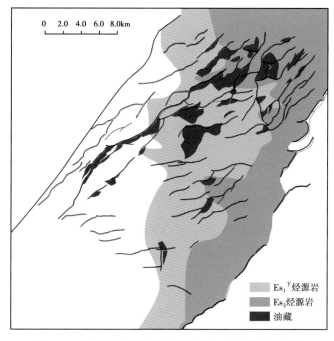

图9-2　饶阳凹陷蠡县斜坡烃源岩与油气分布叠置图

2）烃源岩对油气剖面分布的控制作用

油源对比和油气分布研究表明，蠡县斜坡北部油气分布层位较多，从侏罗系到沙河街组一段各个层位均有油气分布，北部发育沙河街组一段下亚段、三段和四段三套烃源岩，该区油气来源较为复杂（图9-3）；而蠡县斜坡南部油气分布层位为沙河街组一段和东营组，且该区主力烃源岩为沙河街组一段下亚段，油气来源较为单一（图9-4）。由北向南油气分布层位逐渐变浅，说明烃源岩对油气纵向分布的控制作用明显。

蠡县斜坡沙河街组一段为主力烃源岩，三段烃源岩次之，四段烃源岩发育最差，仅淀北洼槽为同口及刘李庄地区提供成熟原油。油源对比表明，除已发现的高59和高20油藏外，蠡县斜坡沙河街组二段、一段及东营组已发现油藏的油气均来自沙河街组一段下亚段，从已发现油藏油气探明储量可以看出，沙河街组一段来源的油气储量最大，沙河街组三段来源的次

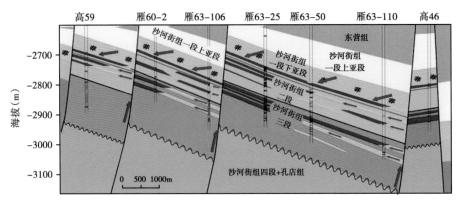

图 9-3　饶阳凹陷蠡县斜坡北部油藏剖面图

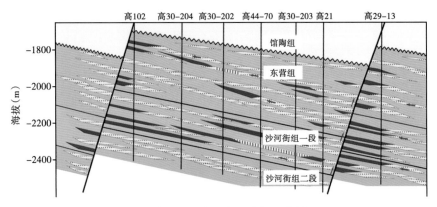

图 9-4　饶阳凹陷蠡县斜坡南部油藏剖面图

之，沙河街组四段来源的最少，说明烃源岩对油气的纵向分布具有较强的控制作用。

2. 输导体系控制油气成藏

饶阳凹陷蠡县斜坡有效的输导体系由断层与砂体配置构成，北部断层对油气输导作用大，南部砂体则起主要作用。斜坡带广泛发育的构造脊为油气运移的优势通道，输导体系对油气成藏控制作用较大。

3. 断层控制油气成藏

饶阳凹陷蠡县斜坡沙河街组和东营组绝大部分油气均是沿着断层分布。蠡县斜坡北部断层发育，南部断层相对不发育。北部的淀40、淀26、高46、高36、西柳22、西柳16x、大百尺断层中段、西柳7、西柳6井区油气成藏主要依靠断层输导油气；而高59、高20、高32、博士庄、大百尺断层南段、赵皇庄、高阳断层则由于断层的封闭性较好导致油气成藏。通过对蠡县斜坡不同类型油藏的分析（表9-2）可以看出，现今发现的油藏86%都与断层有关。在斜坡北部具有少量的岩性、地层及潜山油藏。因此可以得出断层对油气成藏起重要控制作用。

4. 砂体控制油气成藏

砂体类型控制油气藏类型。饶阳凹陷蠡县斜坡沙河街组二段上亚段的油藏主要为三角洲河口坝岩性油藏、构造—岩性油藏及构造油藏。沙河街组二段下亚段主要发育构造油藏、构造—岩性油藏、三角洲河口坝岩性油藏、雁翎潜山围斜部位的不整合油藏。

154

表 9-2　饶阳凹陷蠡县斜坡不同油藏类型

油藏类型	与断层有关油藏		岩性油藏	地层油藏	潜山油藏
	断块、断层—岩性 断鼻、断层—地层		砂岩岩性、 碳酸盐岩岩性	地层超覆、 地层不整合	潜山顶油藏
个数	61		6	3	1

砂体物性控制油气成藏。饶阳凹陷蠡县斜坡以三角洲砂体为主。实测沙河街组砂层孔隙度和渗透率参数表明，物性对成藏控制作用明显，成藏物性下限孔隙度为12%，渗透率为1mD。该区油藏以低孔低渗—中孔中渗油藏为主（图9-5）。

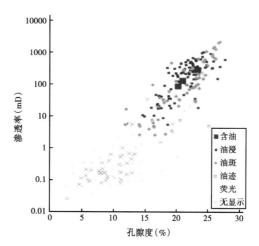

图9-5　饶阳凹陷蠡县斜坡沙河街组
砂层孔渗参数交会图

砂体展布特征控制油气分布。砂体既是油气的主要储集空间，又可有效地运移输导油气，是油气运移过程中最基本的输导系统。这种通道以连通孔隙作为油气运移空间，是油气在地下进行侧向运移最常见的通道类型。

5. 构造脊控制油气成藏

从饶阳凹陷蠡县斜坡沙河街组一段现今构造与油藏分布叠置图可以看出（图9-6），蠡县斜坡由南及北发育一系列北西向构造脊，

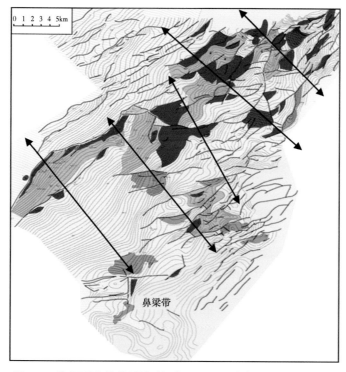

图 9-6　饶阳凹陷蠡县斜坡沙河街组一段现今构造与油藏叠置图

已发现油气主要分布在构造脊方向及构造脊翼部，说明构造脊为油气运移的优势通道，对油气输导成藏起关键性作用。

第二节　典型油藏解剖和成藏模式

饶阳凹陷蠡县斜坡构造整体上西高东低、北高南低，受断裂控制东西成带、南北成片。区内断鼻和断块构造发育，西部圈闭沿高阳断层和大百尺断层分布，东部圈闭沿次级断层呈条带状分布，工区中部断层欠发育区圈闭呈片状分布。目前已完钻的400多口井多钻探了构造圈闭，个别井钻遇斜坡区或构造较低部位的岩性圈闭或断层—岩性圈闭。因此，剖析已钻遇的典型油藏对下步勘探具有重要的指导意义。

一、典型油藏剖析

1. 断鼻油藏

图9-7是基于地震反演剖面编制的饶阳凹陷高29断块油气富集模式图。高29断块为沙河街组三段和一段多源供烃，构成典型的断层与砂体配置的F形输导断鼻控藏模式。

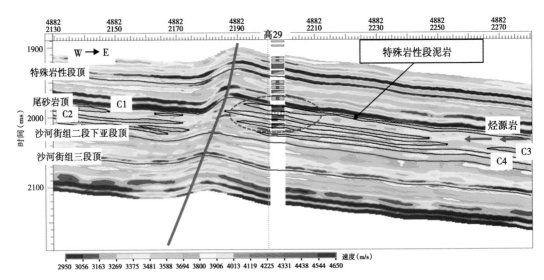

图9-7　饶阳凹陷高29断块沙河街组断鼻油藏油气富集模式图

2. 地垒构造油藏

饶阳凹陷蠡县斜坡西柳2断块为两条断层夹持的地垒构造，断层将烃源岩与储层沟通，沙河街组一段烃源岩从侧向、沙河街组三段烃源岩纵向上分别向沙河街组二段上亚段（尾砂岩段）储层供烃，构成典型的地垒构造油藏油气富集成藏模式（图9-8）。

3. 断块油藏

饶阳凹陷蠡县斜坡西柳102井区为断块油藏，以阶梯状断块圈闭为主，沙河街组储层与烃源岩对接，侧向供烃明显，断块东部紧邻沙河街组生烃凹陷，受断层影响形成的凹中隆起区是该区域有利的油气富集区和主要找油方向（图9-9）。

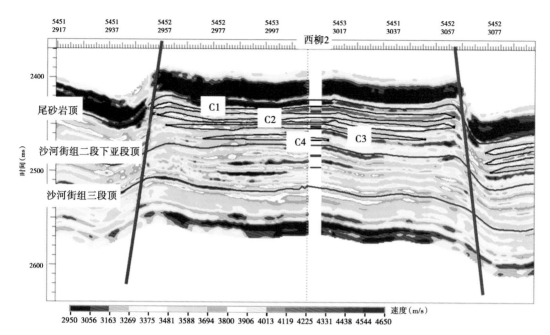

图 9-8 饶阳凹陷西柳 2 断块沙河街组地垒构造油藏油气富集模式图

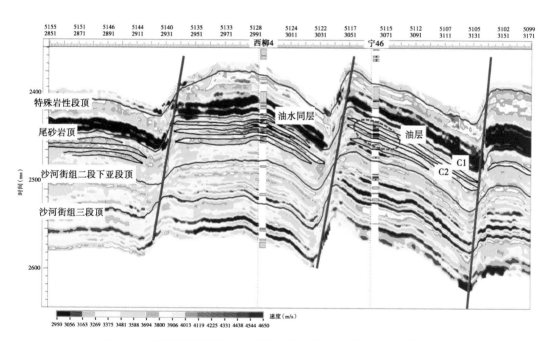

图 9-9 饶阳凹陷西柳 102 井区沙河街组断块油藏油气富集模式图

4. 砂岩上倾尖灭油藏

饶阳凹陷高 43 井区沙河街组发育砂岩上倾尖灭油藏，砂岩上倾尖灭，起到了封堵油气的作用。蠡县斜坡高 43 井区"一砂一藏"特征明显，储层是控制油气分布的重要因素，为典型的岩性油气藏，砂岩上倾尖灭端为主要找油方向（图 9-10）。

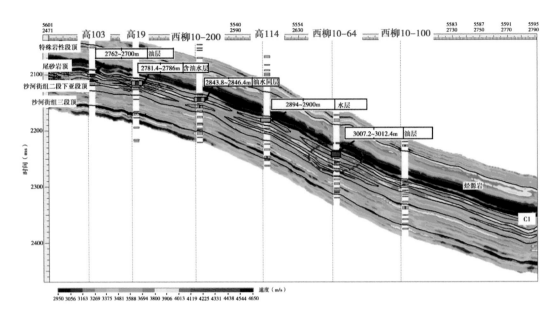

图 9-10　饶阳凹陷高 43 井区沙河街组砂岩上倾尖灭油藏油气富集模式图

5. 断层—岩性油藏

　　饶阳凹陷西柳 6 井区沙河街组发育典型的断层与砂体配置形成的断层—岩性油藏。在断层附近，砂体尖灭，断层和砂体共同起封堵作用（图 9-11）。

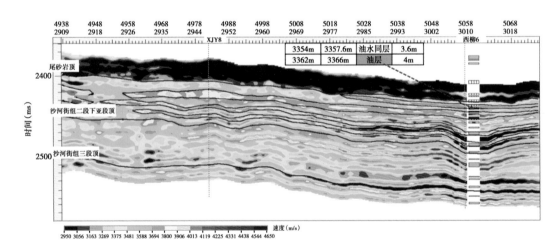

图 9-11　饶阳凹陷西柳 6 井沙河街组断层—岩性油藏油气富集模式图

　　总之，饶阳凹陷蠡县斜坡沙河街组发育五种油藏类型，分别为断鼻油藏、地垒构造油藏、断块油藏、砂岩上倾尖灭油藏、断层—岩性油藏（图 9-12）。饶阳凹陷蠡县斜坡西部高阳井区，沙河街组砂体连续发育，以 F 形输导断鼻构造为主，主要发育构造油气藏；研究区东北部西柳井区，沙河街组砂体不连续发育，油藏受断层和储层双重控制，有利于岩性油气藏的形成。

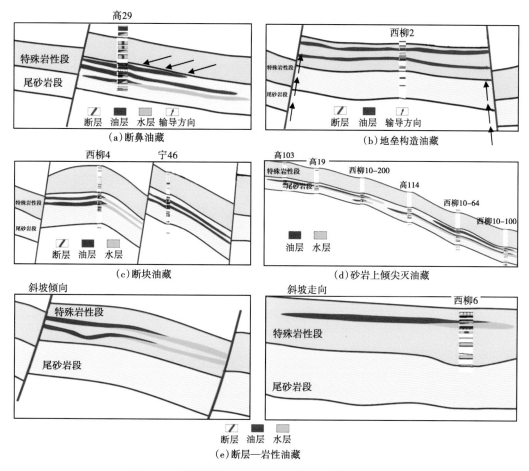

图9-12　饶阳凹陷蠡县斜坡沙河街组五类成藏模式图

二、平面特征分析

从目前饶阳凹陷蠡县斜坡491口已钻井情况来看，主要钻遇三类油气藏：断鼻/断块/地垒油气藏17个（如高30井），主要分布在高阳坡折带高部位及西柳内带；断层—岩性油气藏4个（如高43井），主要分布在坡折带处；岩性油气藏3个（如高8-10井），主要分布于坡折带处（图9-13）。

纵向上，从沙河街组三段至一段，油气富集区由工区东北部向西南部逐渐迁移，在沙河街组二段上亚段（尾砂岩段），砂体发育广泛，为主要含油目的层段。

沙河街组二段上亚段（尾砂岩段）油井分布与沉积相展布有良好的对应关系：高阳、大百尺断层井区产油井多分布于三角洲前缘亚相，以水下分流河道储层为主；西柳内带井区多发育滨浅湖相，以滩坝砂体、远沙坝砂体为主力储层；自沙河街组二段上亚段（尾砂岩段）底至顶（C4—C1），主力储层由北部三角洲向西南部三角洲变化，与含油层系逐渐向南抬高趋势一致。

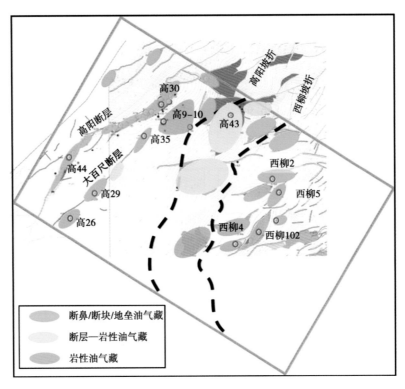

图 9-13　饶阳凹陷蠡县斜坡沙河街组不同类型油气藏平面分布图

图例：
- 断鼻/断块/地垒油气藏
- 断层—岩性油气藏
- 岩性油气藏

图中标注：高30、高9-10、高43、高35、高44、高29、高26、西柳2、西柳5、西柳4、西柳102、高阳断层、大百尺断层、高阳坡折、西柳坡折

三、典型成藏模式

1. 同口—雁翎地区多源供油构造—岩性复合成藏模式

饶阳凹陷同口—雁翎地区成藏模式可以概括为：沙河街组一段下亚段烃源岩主要通过向下排烃进入沙河街组一段下亚段砂岩，沿斜坡向上运移，形成断鼻油藏。由于雁63井下倾方向有大断距的顺向断层，即高45井断层，从而形成顺向断层对接的供油模式，沙河街组一段下亚段烃源岩生成的未成熟—低成熟油侧向进入沙河街组三段上亚段顶部储层并与来自淀北洼槽的成熟油气混合，混合后向坡上运聚成藏，形成了雁63断鼻遮挡与砂体尖灭联合控制下的构造—岩性复合混源油藏。同口—雁翎地区油气成藏的特点可概括为：多源供油，垂向侧向多种运移方式（图9-14），油藏类型为断鼻油藏、砂体尖灭油藏、地层不整合油藏。

在蠡县斜坡外带顺走向的剖面上（图9-15），鼻状构造控制了油气优先聚集的区域，在各构造高点相对富集，油水界面明显受构造控制，形成典型构造油气藏，具有一定的连片成藏特点；而该区域雁66井以西受岩性尖灭的影响，形成侧向岩性封堵，具有构造—岩性共控成藏的特点；同时受沙河街组三段顶界不整合面的约束，可出现不整合面之下的油气藏。蠡县斜坡外带受高、低位湖平面影响明显，在三角洲平原沉积区域易形成构造、构造—岩性及不整合油气藏。

在蠡县斜坡中带，不同期次的三角洲前缘朵叶体制约了岩性、构造—岩性油气藏的形成；在侧向上，受构造高点与不同三角洲朵叶体的控制，常形成各自相互独立的油气藏，如雁63、雁60油藏（图9-16）。

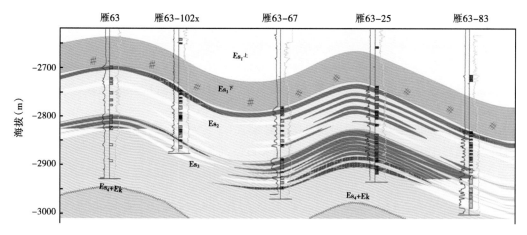

图 9-14　饶阳凹陷同口—雁翎地区雁 63—雁 63-83 井沙河街组构造—岩性复合油气成藏模式图

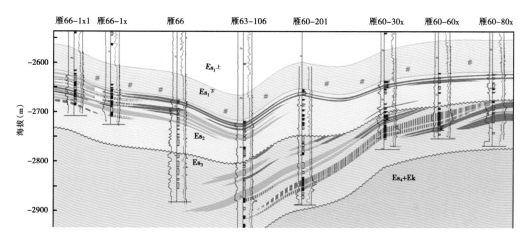

图 9-15　饶阳凹陷同口—雁翎地区雁 66-1x1—雁 60-80x 井沙河街组构造—岩性复合油气成藏模式图

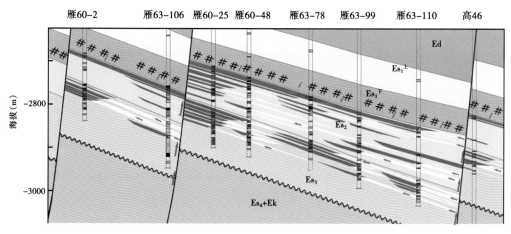

图 9-16　饶阳凹陷同口—雁翎地区雁 60-2—雁 63-110 井沙河街组构造—岩性复合油气成藏模式图

在蠡县斜坡中带，构造沟梁变化也是影响油气聚集的关键因素，具有沿梁沿鼻优先聚集的特点，在构造的鞍部地区总体不利于成藏。在顺斜坡倾向的剖面上，受断裂早期活动与岩性匹配输导油气影响，油气在断层下降盘优先聚集，并由于断层后期封堵的特点，形成反向断块油藏。在该方向上，由于湖岸线与沉积相的变化，不同期次的三角洲朵叶体发生叠置，形成多个岩性或物性变化条带，从而具有岩性控制成藏、多块成藏的特点。

2. 高阳—西柳地区顺向断层岩性对接成藏模式

饶阳凹陷高阳—西柳地区深层油气主要来自沙河街组一段下亚段特殊岩性段烃源岩，从已探明油藏及出油气井点的分布规律看，该区每一深层油藏下倾方向都存在一条大断距的顺向断层，沙河街组三段上亚段顶部发育辫状河三角洲平原或前缘沉积，砂体连片叠置。以西柳10断鼻油藏下倾方向的顺向断层为研究实例，从地震剖面上可以看到，该顺向断层断距很大，断层下降盘沙河街组一段下亚段中连续的蓝色同相轴上方地层即为沙河街组一段下亚段特殊岩性段的烃源层，而其对应的断层上升盘为沙河街组三段上亚段，两者形成砂体对接。根据目前斜坡的实际勘探情况发现，断层遮挡型油藏几乎全都发育在反向正断层处，而顺向正断层处尚未发现油藏。综合断层封堵性评价可知，该类顺向正断层在沙河街组三段上亚段—沙河街组一段下亚段中侧向不具有封堵性，油气可横向穿越断层发生侧向运移。因此，断层下降盘沙河街组一段下亚段烃源岩层和上升盘的沙河街组二段下亚段、沙河街组三段上亚段直接形成对接（图9-17），使油气进行侧向运移，之后在有效圈闭中运聚成藏。

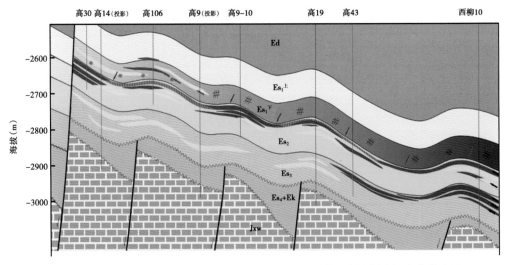

图9-17　饶阳凹陷高阳—西柳地区沙河街组基底—相带联合控制岩性成藏模式图

因此，蠡县斜坡北部中、内带顺向断层可形成对接式供油方式。在顺向断层断距较大的情况下，下降盘沙河街组一段下亚段特殊岩性段的烃源层和上升盘沙河街组二段、三段砂体形成直接对接，此时油气横穿断层进行侧向运移，进入沙河街组二段或三段砂体后，沿物性较好的连通砂体向构造高部位继续进行侧向运移，直到遇到有效圈闭后聚集成藏。

3. 雁翎—任西洼槽潜山过渡带复式油气聚集成藏模式

根据饶阳凹陷雁翎—任西洼槽地区圈闭类型和油源分布特征分析，结合已取得的勘探成果，建立了该区复式油气聚集成藏模式。沙河街组一段下亚段烃源岩生成的未成熟—低成熟油向下排烃，先进入沙河街组一段下亚段砂岩，之后向坡上侧向运移，或横穿顺向正断层进入上升盘的沙河街组一段下亚段砂岩，或在沙河街组三段顶部砂体中的圈闭中聚集成藏。沙河街组三段烃源岩生成的油气通过连通砂体向坡上运移，之后进入沙河街组三段超覆或重力流扇体圈闭中聚集成藏。此外，由于该区靠近控坡断层，即任西断层，构造比较活跃，各顺向大断层持续活动，具有一定程度的垂向连通能力，沙河街组三段油气通过这些断层向浅层垂向运移，或通过与潜山底面相接的连通砂体进入潜山内幕聚集成藏，又或者进入浅层与沙河街组下亚段的油气混合，形成混源油藏（图9-18）。

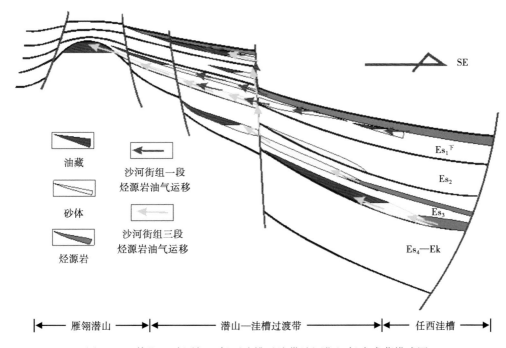

图9-18　饶阳凹陷雁翎—任西洼槽过渡带沙河街组复式成藏模式图

4. 斜坡中南部中、外带低丰度多层叠加连片成藏模式

饶阳凹陷蠡县斜坡中南部中、外带，尤其是高阳油田，是斜坡非常重要的油气富集区，近几年勘探开发的成果也最显著。

蠡县斜坡内带的沙河街组一段下亚段特殊岩性段为主要烃源岩，位于蠡县斜坡坡下的沙河街组二段上亚段、沙河街组一段下亚段以及沙河街组一段上亚段、东营组等各浅层油气分别通过各层内发育的侧向连通砂体向坡上运移，在到达大百尺和高阳断层后，在附近的圈闭中聚集成藏，油藏类型以断鼻为主，也有构造—岩性复合油藏。断鼻油藏含油层薄而多，且向坡下方向含油范围短而小，常被形象地称为"牙刷状"油藏。此外，在油气向坡上运移的过程中碰到合适的岩性圈闭后，也会形成纯岩性油藏。因此，该区剖面成藏模式（图9-19）可概括为：油源来自坡下，油气运移方式以侧向运移为主，斜坡外带油气受反向断层遮挡成藏，含油层系多，呈牙刷状分布，中带发育少量岩性油藏。

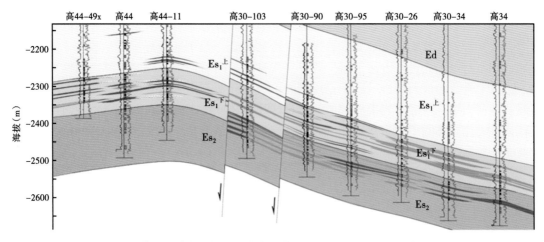

图 9-19 饶阳凹陷蠡县斜坡中南部顺高阳断层沙河街组油气成藏模式图

该区域以浅层成藏为特点，存在多层系、多套孤立油气藏垂向上间互的格局（图 9-20），且该区域沉积相带类型变化复杂，从三角洲前缘、湖泊滩沙坝到碳酸盐岩鲕粒滩坝均有出现，使该区域的岩性成藏格局更为复杂。但总体上该区域油气成藏受高阳大断层油气输导与封堵作用的影响，油气具有沿高阳断层呈典型的牙刷状分布的特点，离断层越近，则越有利于聚油，因此表现为典型的断层—岩性联合成藏的特点。

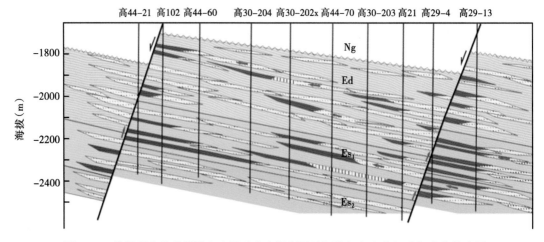

图 9-20 饶阳凹陷蠡县斜坡中南部垂直高阳断层沙河街组和东营组油气成藏模式图

总之，饶阳凹陷蠡县斜坡沙河街组一段下亚段（特殊岩性段）及沙河街组三段烃源岩发育，通过砂体侧向输导及断层纵向输导供油。蠡县斜坡北部断层发育，油藏类型以断鼻/断块/地垒等构造油藏为主，勘探程度较高，中部和南部坡折带处有利于形成断层—岩性及岩性油藏，勘探程度较低。因此找寻岩性油藏及低幅构造圈闭油藏是重要增储勘探方向（图 9-21）。

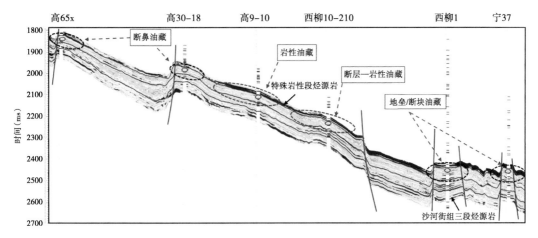

图 9-21　饶阳凹陷蠡县斜坡沙河街组油藏分布图

第三节　有利目标区带优选评价

一、有利区预测与井位设计原则

有利区选择的原则是：（1）圈闭落实可靠，且有一定的规模；（2）位于优势油气运移通道上（构造脊或鼻状构造），符合该区油气运聚成藏规律；（3）周边或附近有钻井获得工业油气流或揭示有油层，尤其是其下倾方向有好的油气显示，或综合分析成藏可能性大。

井位设计采用以下原则：（1）位于有利的潜力区内；（2）纵向上可揭示多个圈闭或储层；（3）位于潜力区的相对高部位；（4）位于已钻油气井的高部位或者是地质研究认为有利的部位。

二、有利潜力区分布

饶阳凹陷蠡县斜坡沙河街组大潜力区包括：大百尺潜力区、高阳潜力区、西柳主体潜力区、西柳内带潜力区。综合构造、测井解释及砂体平面分布，细分为 12 个小潜力区，潜力区圈闭类型、钻遇层位、圈闭面积、地质储量如表 9-3 所示。

三、井位部署建议

1. 大百尺潜力区

饶阳凹陷蠡县斜坡大百尺潜力区可细分为 2 个区块，预测含油面积为 2.97km²，计算地质储量为 197.44×10⁴t，设计 10 口井位，其中评价井 3 口，开发井 7 口。

图 9-22 为蠡县斜坡大百尺潜力区沙河街组二段上亚段顶界构造图，大百尺潜力区"低油高水"现象明显，有利区明显受控于断层和砂体有效性。

表 9-3 饶阳凹陷蠡县斜坡沙河街组潜力区汇总表

	编号	名称	圈闭类型	钻遇层位	圈闭面积（km²）	砂体厚度（m）	单储系数	地质储量（10⁴t）	圈闭面积汇总（km²）	储量汇总（10⁴t）
大百尺潜力区	1	高 26 井西南	砂岩上倾尖灭	wsyC1、wsyC2	1.26	8	8.31	83.76	2.97	197.44
	2	高 104 井区	断层—岩性	slsxC1、wsyC3	1.71	8	8.31	113.68		
高阳潜力区	3	高 106 井区	断块及砂岩上倾尖灭	wsyC1、wsyC2、wsyC3	4.53	7	8.31	263.51	6.78	424.73
	4	高阳断层西侧无井区	断鼻	wsyC2、wsyC3	1.4	9	8.31	104.71		
	5	高 65x 井区	断鼻	wsyC2、wsyC3	0.85	8	8.31	56.51		
西柳主体潜力区	6	高 103 井区	断块	wsyC2、wsyC4	3.19	7	8.31	185.56	3.67	217.47
	7	西柳 10-61 井区	砂岩上倾尖灭	wsyc2、s2C2	0.48	8	8.31	31.91		
西柳内带潜力区	8	西柳 1—西柳 2 井区	低幅构造	wsyC1、wsyC2、wsyC3	3.85	9	8.31	287.94	11.66	691.31
	9	西柳 5 井西南区	断块	wsyC3	0.33	6	8.31	16.45		
	10	西柳 6 井西南区	断鼻	wsyC2	1.68	7	8.31	97.73		
	11	西柳 102 井区	低幅构造	wsyC1、wsyC2、wsyC3	1.07	6	8.31	53.35		
	12	西柳 4 井西区	断鼻及砂岩上倾尖灭	wsyC1、wsyC2	4.73	6	8.31	235.84		

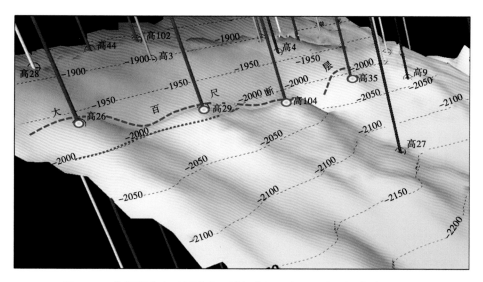

图 9-22　饶阳凹陷大百尺潜力区沙河街组二段上亚段顶界构造图（m）

图 9-23 表征了蠡县斜坡大百尺潜力区沙河街组二段上亚段（尾砂岩段）四套砂组砂体分布，可以看出大百尺潜力区沙河街组砂体整体发育，但单层砂体局部变化大，砂体连通性差，需要对各井区单独分析。

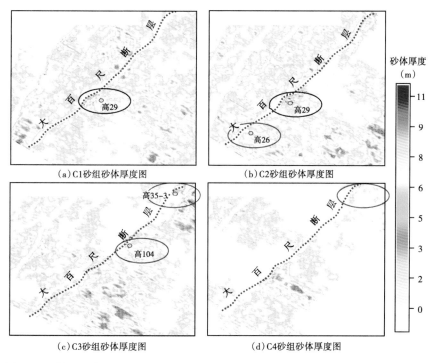

（a）C1砂组砂体厚度图　　　　（b）C2砂组砂体厚度图

（c）C3砂组砂体厚度图　　　　（d）C4砂组砂体厚度图

图 9-23　饶阳凹陷人百尺潜力区沙河街组二段上亚段（尾砂岩段）四层砂休分布图

饶阳凹陷蠡县斜坡大百尺潜力区高 29 井沙河街组二段上亚段（尾砂岩段）C1 砂组测井解释为油层，高部位高 26 井沙河街组二段上亚段（尾砂岩段）C1 砂组测井解释为油水同层，地震反演结果表明沙河街组二段上亚段（尾砂岩段）C1砂组砂体不连通，解释了"低油高水"的现象（图9-24）。

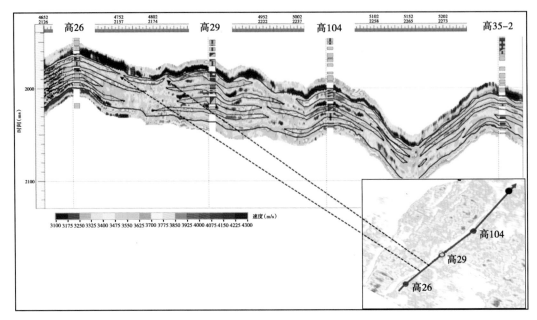

图9-24 饶阳凹陷大百尺潜力区沙河街组二段上亚段（尾砂岩段）C1砂组砂体分布图

蠡县斜坡沙河街组二段上亚段（尾砂岩段）C2砂组为主要含油层段，但是其在各井区也不连续，在高104井区发生尖灭（图9-25），表明砂体横向变化明显。

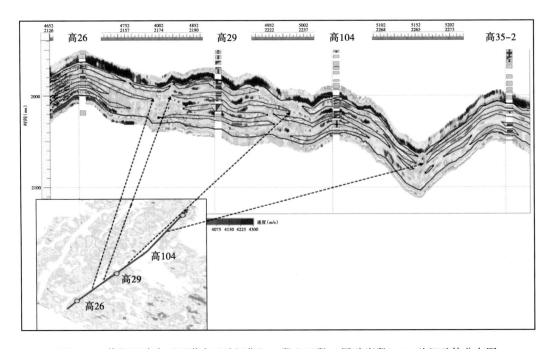

图9-25 饶阳凹陷大百尺潜力区沙河街组二段上亚段（尾砂岩段）C2砂组砂体分布图

饶阳凹陷蠡县斜坡高 104 井沙河街组二段上亚段（尾砂岩段）C3 砂组为油层，高部位高 29 井沙河街组二段上亚段（尾砂岩段）C3 砂组为油水同层，地震反演剖面表明沙河街组沙河街组二段上亚段（尾砂岩段）C3 砂组砂体不连通，造成 C3 砂组油水变化明显（图 9-26）。

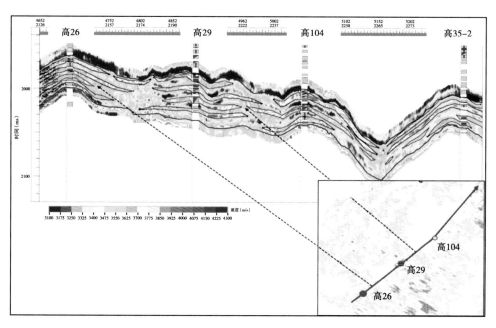

图 9-26 饶阳凹陷大百尺潜力区沙河街组二段上亚段（尾砂岩段）C3 砂组砂体分布图

饶阳凹陷大百尺潜力区沙河街组二段上亚段（尾砂岩段）砂体整体发育，但单层砂体局部不连续，砂体分布控制了油气聚集和分布。

1）蠡县斜坡高 26 井区

饶阳凹陷过高 26 井、高 29-16 井、高 29-17x 井的沙河街组二段上亚段连井反演剖面表明，高 26 井与高 29-16 井、高 29-17x 井储层不连通，从储层厚度平面图上亦可看出井之间存在砂体尖灭现象，从而解释了"低油高水"的矛盾现象（图 9-27）。

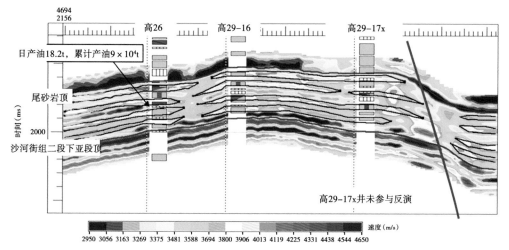

图 9-27 饶阳凹陷高 26—高 29—17x 井沙河街组二段上亚段连井反演剖面图

蠡县斜坡高 26 井区沙河街组二段上亚段发育浅水三角洲内前缘水下分流河道微相。低部位的高 26 井沙河街组二段上亚段（尾砂岩段）C2 砂组试油日产纯油 9.76t，但未见到油水界面。综合沉积微相以及试油结论，将含油面积以高 26 井外推两个井距及砂体边界圈定，确定潜力区面积为 1.26km² （图 9-28）。

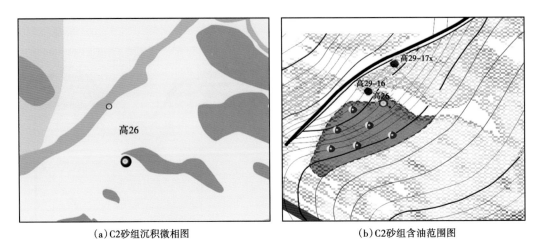

（a）C2砂组沉积微相图　　　　　　　　　　（b）C2砂组含油范围图

图 9-28　饶阳凹陷高 26 井区沙河街组二段上亚段沉积微相和含油范围图

综合砂体展布以及构造等因素，在蠡县斜坡高 26 井区提出 1 口滚动井、5 口开发井。设计 1 井过 Line4687、CDP2118，设计井垂深为 2630m，目的层段为沙河街组二段上亚段尾砂岩 C1、C2 砂组，预计砂体厚度为 5+6＝11m，设计井位于高 26 井高部位，与高 29-16 井的井距为 270m （图 9-29）。

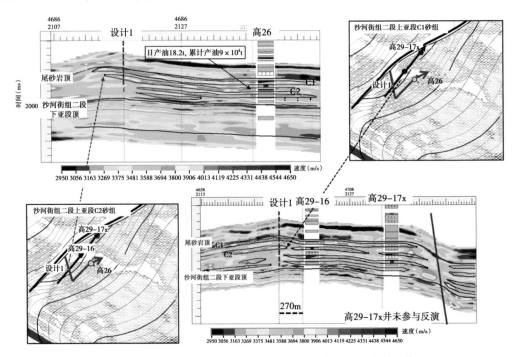

图 9-29　饶阳凹陷设计 1 井与高 26 井连井反演剖面及对应平面位置图

2) 蠡县斜坡高 104 井区

饶阳凹陷高 104 井区为沙河街组浅水三角洲内前缘水下分流河道微相，河道砂体发育。高 29-31x 井、高 29-33x 井产量曲线表明（图 9-30），高 29-33x 井初期含水 10%，目前含水 5%，产油情况好，低部位高 17 井测井解释为油水层，试油日产油 0.1t（管外窜），建议对高 17 井沙河街组二段上亚段（尾砂岩段）C3 砂组重新试油，进一步扩大含油潜力区范围。目前，以高 17 井为油水边界划定含油潜力区范围，潜力区面积为 1.71km^2（图 9-31）。

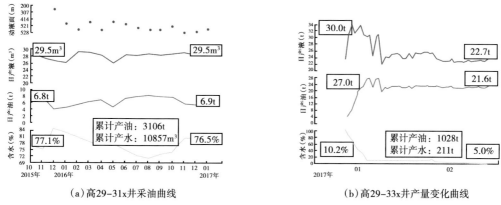

(a) 高29-31x井采油曲线   (b) 高29-33x井产量变化曲线

图 9-30　饶阳凹陷高 104 井区沙河街组多井生产曲线

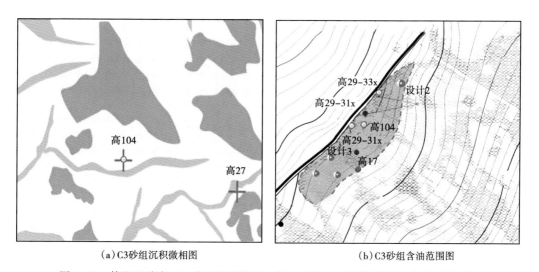

(a) C3砂组沉积微相图   (b) C3砂组含油范围图

图 9-31　饶阳凹陷高 104 井区沙河街组二段上亚段 C3 砂组沉积微相和含油范围图

综合蠡县斜坡沙河街组二段上亚段砂体展布以及构造等因素，在高 104 井区设计 2 口评价井、2 口开发井。目前，高 29-33x 井日产油 22.7t，含水 5%，可往北进行滚动扩边勘探，设计 2 井过 Line5086、CDP2254，设计井垂深为 2680m，目的层段为沙河街组二段上亚段尾砂岩 C3 砂组，砂体厚度为 8m，与高 29-33x 井井距为 385m（图 9-32）。

蠡县斜坡设计 3 井过 Line5001、CDP2242，设计井垂深为 2680m，目的层段为沙河街组一段上亚段 C1 砂组、沙河街组二段上亚段尾砂岩 C3 砂组，砂体厚度为 3+5＝8m，与高 17 井井距为 505m。设计 3 井的低部位高 17 井沙河街组二段上亚段（尾砂岩段）试油日产油 0.1t（图 9-33）。

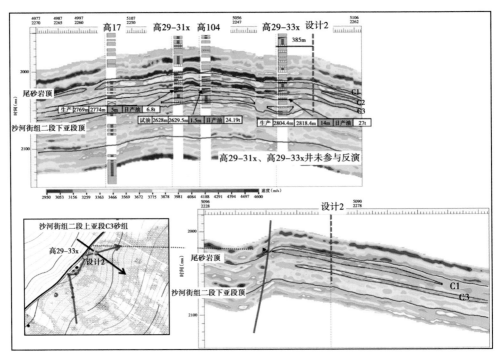

图 9-32　饶阳凹陷设计 2 井与高 29-33x 井连井反演剖面及对应平面位置图

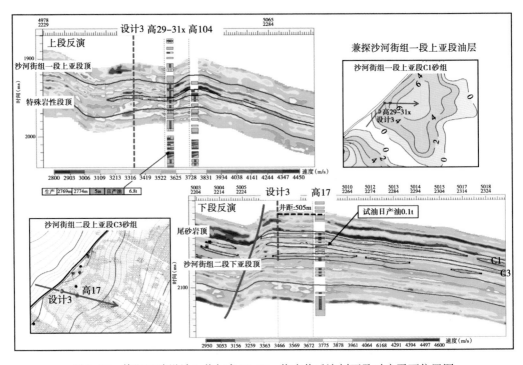

图 9-33　饶阳凹陷设计 3 井与高 29-31x 井连井反演剖面及对应平面位置图

2. 高阳潜力区

　　饶阳凹陷高阳潜力区按井区分 3 个区块，含油面积为 6.78km²，计算地质储量为 424.73×10⁴t，设计 23 口井位，其中评价井 6 口，开发井 17 口。

1) 蠡县斜坡高 106 井区

由反演剖面及砂体平面分布图可知，蠡县斜坡高 106 井区沙河街组二段上亚段单层砂体不连通，构造高部位发育低幅构造圈闭，斜坡区岩性圈闭发育（图 9-34）。

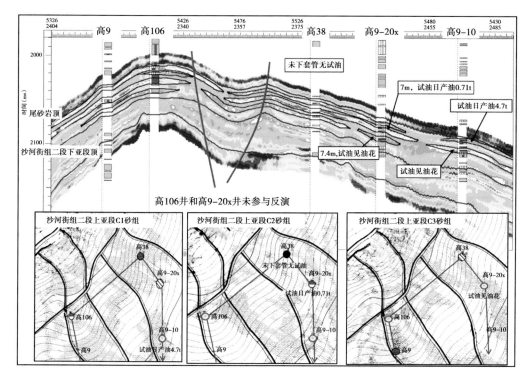

图 9-34　饶阳凹陷高 106 井区连井反演剖面及对应平面位置图

饶阳凹陷高 106 井区沙河街组二段上亚段 C3 砂组发育浅水三角洲内前缘水下分流河道微相，储层厚度平均为 7m。圈闭低部位高 9-20x 井试油日产油 0.71t，含水 19.2%，以高 8-20x 井及砂体边界划定含油范围，面积为 2.78km²，以 250m 井距为标准可部署井位 10口，评价井 3 口，开发井 7 口（图 9-35）。

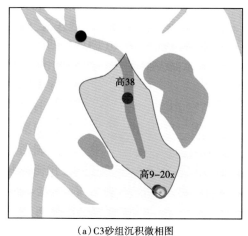

（a）C3砂组沉积微相图　　　　　　　　　（b）C3砂组含油范围图

图 9-35　饶阳凹陷高 106 井区沙河街组二段上亚段 C3 砂组沉积微相和含油范围图

在蠡县斜坡高 38 井区高部位构造圈闭内设计 1 口评价井，设计 4 井过 Line5512、CDP2334，设计井垂深为 2670m，钻遇目的层段沙河街组二段上亚段尾砂岩 C1 砂组、C2 砂组、C3 砂组，预计钻遇砂体厚度为 6+6+6＝18m，与高 38 井井距为 1030m。设计井低部位高 9-20x 井沙河街组二段上亚段（尾砂岩段）C3 砂组试油见油花，且砂体连通，设计井低部位高 38 井沙河街组二段上亚段（尾砂岩段）C1 砂组和沙河街组二段上亚段（尾砂岩段）C2 砂组为油水同层和水层（图 9-36、图 9-37）。

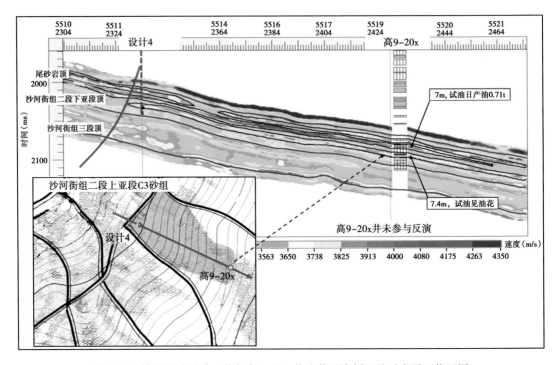

图 9-36 饶阳凹陷设计 4 井与高 9-20x 井连井反演剖面及对应平面位置图

蠡县斜坡设计 5 井位于沙河街组二段上亚段砂体上倾尖灭高部位，设计 5 井过 Line5472、CDP2449，设计井垂深为 2790m，目的层段为沙河街组二段上亚段尾砂岩 C1 砂组、C2 砂组，预计钻遇砂体厚度为 6+7＝13m，与高 8-9x 井井距为 385m，低部位高 9-9x、高 9-11x、高 9-10 井均为油层，高 9-10 井沙河街组二段上亚段（尾砂岩段）试油日产油 4.7t（图 9-38）。

蠡县斜坡设计 6 井过 Line5603、CDP2406，设计井垂深为 2770m，目的层段为沙河街组二段上亚段尾砂岩 C2 砂组和 C4 砂组，预计钻遇砂体厚度为 6+6＝12m，设计 6 井位于砂体上倾尖灭带高部位（图 9-39、图 9-40）。

2）蠡县斜坡高阳断层上盘无井区

饶阳凹陷高阳断层上盘无井区沙河街组二段上亚段（尾砂岩段）C2 砂组为浅水三角洲内前缘水下分流河道微相发育区，圈闭及储层发育，可沿断层面部署 4 口井位。提出 1 口评价井，设计 7 井过 Line5224、CDP1931，设计井垂深为 2416m，目的层段为沙河街组二段上亚段尾砂岩 C2 砂组和 C4 砂组，预计钻遇砂体厚度为 6+6＝12m，高阳断层上盘无井区砂体连通，且构造与砂体配置（图 9-41）。

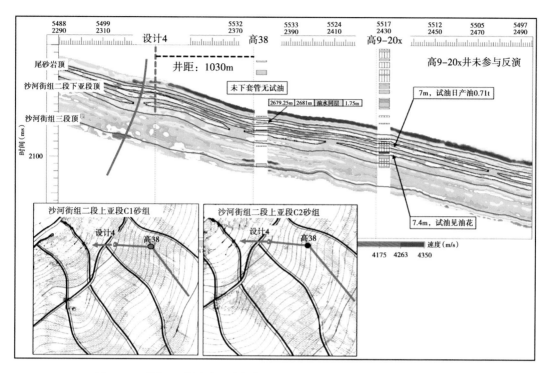

图 9-37 饶阳凹陷设计 4 井与高 38 井连井反演剖面及对应平面位置图

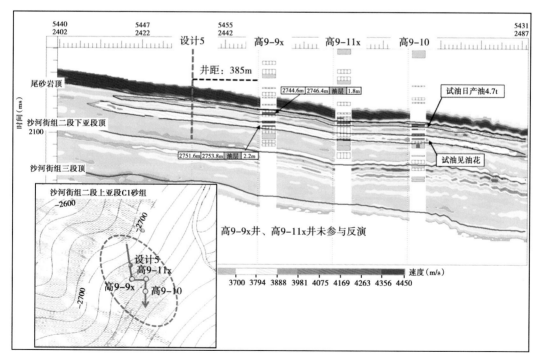

图 9-38 饶阳凹陷设计 5 井与高 9-10 井连井反演剖面及对应平面位置图

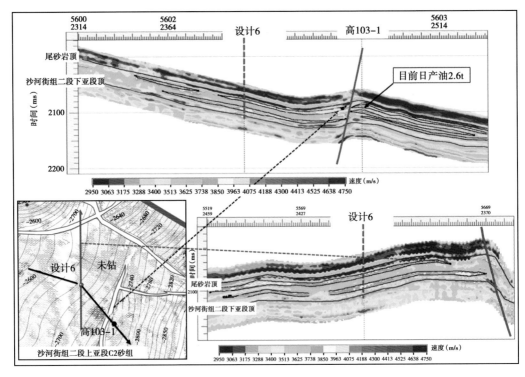

图 9-39 饶阳凹陷设计 6 井主测线与联络测线反演剖面及对应平面位置图

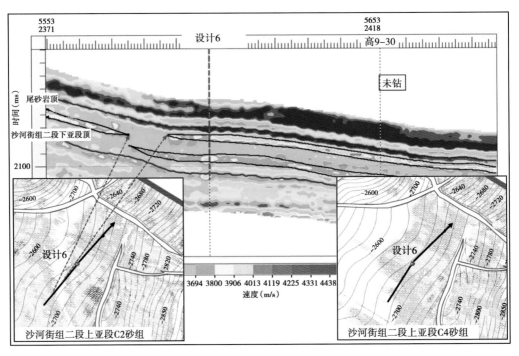

图 9-40 饶阳凹陷设计 6 井与高 9-30 井连井反演剖面及对应平面位置图

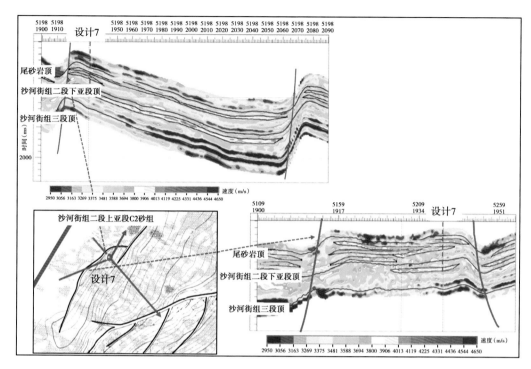

图 9-41 饶阳凹陷过设计 7 井的十字反演地震剖面及对应平面位置图

3）蠡县斜坡高 65x 井区

高 65x 井区预测潜力区为断鼻油藏。高 65x 井区发育 F 形断鼻构造，高 65x 井沙河街组一段上亚段 C2 砂组为出油层，日产油 2.4t，含水 44.9%，累计产油 4563t。设计 8 井与设计 9 井均有出油潜力。设计 8 井过 Line5443、CDP1944，设计井垂深为 2382m，目的层段为沙河街组一段上亚段 C2 砂组，预计钻遇砂体厚度 5m，设计 8 井与高 4 井井距为 637m。设计 9 井过 Line5482、CDP1958，设计井垂深为 2382m，目的层段为沙河街组一段上亚段 C2 砂组，预计钻遇砂体厚度 5m，设计 9 井与高 65x 井井距为 368m（图 9-42）。

3. 西柳主体潜力区

饶阳凹陷西柳主体潜力区构造上为断层夹持的地垒构造，油藏受构造和岩性共同控制（图 9-43）。西柳主体潜力区可细分为 2 个区块，面积为 3.67km²，计算地质储量为 217.47×10⁴t，设计 11 口井位，其中评价井 3 口，开发井 8 口。

饶阳凹陷西柳主体潜力区沙河街组二段上亚段砂体不连片分布，在主力油层沙河街组二段上亚段尾砂岩 C2 砂组中，高 103 井区和高 43 井区砂体不连通（图 9-44）。

1）蠡县斜坡高 103 井区

饶阳凹陷高 103 井区沙河街组二段上亚段发育三角洲前缘水下分流河道沉积微相，砂体厚度约为 8m，地震反演表明，西柳 10-167x、西柳 10-168x 砂体和高 43 井区主体砂体已经断开，分析失利原因主要为钻遇了沙河街组二段上亚段主力油层砂体边缘低部位。在高 103 井北部及东部设计 2 口评价井、8 口开发井，共 10 口井位。现以低部位西柳 10-91x 井为油水界面，结合砂体展布，在断鼻圈闭内划定含油范围，潜力区面积为 3.19km²，高 103 井北部及东北部为有利潜力区（图 9-45，表 9-4）。

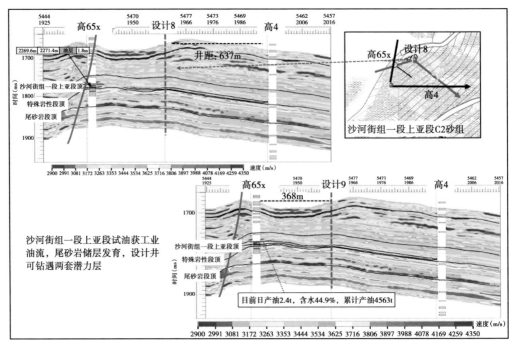

图 9-42　饶阳凹陷设计 8 井和设计 9 井与高 65x 井连井反演剖面及对应平面位置图

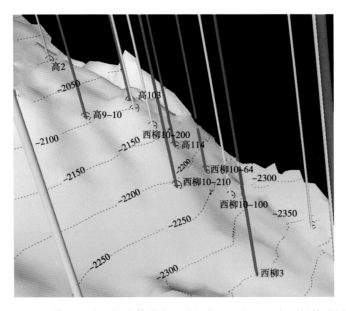

图 9-43　饶阳凹陷西柳主体潜力区沙河街组二段上亚段顶界构造图

　　饶阳凹陷蠡县斜坡设计 10 井过 Line5630、CDP2471，设计井垂深为 2835m，目的层段为沙河街组二段上亚段尾砂岩 C2 砂组和 C3 砂组，预计钻遇砂体厚度为 4+5＝9m，与高 103-16x 井井距为 325m。低部位高 103-16x 井（2830~2836.4m）日产油 10.3t，且断层起到了封堵的作用（图 9-46）。

　　饶阳凹陷设计 11 井过 Line5618、CDP2522，设计井垂深为 2980m，目的层段为沙河

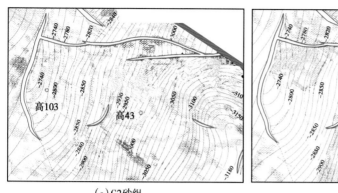
(a)C2砂组

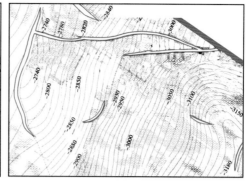
(b)C3砂组

图 9-44　饶阳凹陷西柳主体潜力区沙河街组二段上亚段 C2 和 C3 砂组砂体分布图

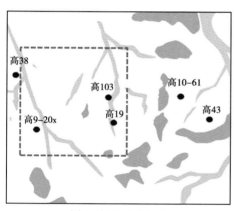
（a）C2砂组沉积微相图

（b）C2砂组含油范围图

图 9-45　饶阳凹陷高 103 井区沙河街组二段上亚段 C2 砂组沉积微相和含油范围图

街组二段上亚段尾砂岩 C2 砂组、沙河街组二段下亚段 C2 砂组，预计钻遇砂体厚度为 6+4＝10m，与高 103-26x 井井距为 546m。低部位高 103-26x 井（2886.6～2901.4m）日产油 7.7t（图 9-47）。

　　2）蠡县斜坡西柳 10-61 井区

　　饶阳凹陷西柳 10-61 井沙河街组二段下亚段（2988～2999m）压裂后日产油 11.2t，以西柳 10-61 井外扩 1 个井距为油水界面，划定含油范围，潜力区面积为 0.48km²。设计部署 2 口井位（图 9-48）。

　　设计 12 井过 Line5608、CDP2575，设计井垂深为 3020m，目的层段为沙河街组二段上亚段尾砂岩 C2 砂组、沙河街组二段下亚段 C2 砂组，预计钻遇砂体厚度为 6+5＝11m，与产油井西柳 10-61 井井距为 441m。设计 12 井位于砂体上倾尖灭带高部位，低部位西柳 10-61 井沙河街组二段上亚段（尾砂岩段）C2 砂组解释为油层，沙河街组二段下亚段 C2 砂组（2988～2999m）试油日产油 11.2t，含水 58%（图 9-49）。

　　4. 西柳内带潜力区

　　饶阳凹陷西柳内带以断隆为构造有利区（图 9-50），可细分为 5 个区块，面积为 11.66km²，计算地质储量为 691.31×10⁴t，设计 20 口井位，其中评价 10 口，开发井 10 口。

表 9-4 饶阳凹陷蠡县斜坡高 103 井区关键井生产数据

井号	完钻井深 (m)	油层厚度 (m/层)		生产井段 (m)	投产初期生产情况				目前 (或末期) 生产情况 (2017.4)						累计产油 (10⁴t)	累计产水 (10⁴m³)
		I 类油层	II 类油层		投产日期	日产液 (m³)	日产油 (t)	含水 (%)	泵径/泵深 (in/m)	工作制度	动液面 (m)	日产液 (m³)	日产油 (t)	含水 (%)		
高 103	2835	4.0/1	4.0/1	2762~2785	2009.4	1.9	1.4	22.92	38/1802.7	3/5	1724.8	1.9	1.7	9.3	0.1852	0.0699
高 103-1	2900	13.6/4		2745~2773.4	2009.4	4.5	3.5	21.33	38/2003.14	5/4	1930.7	3	2.6	13.33	0.8785	0.5189
高 103-12x	2867	5.1/1	16.6/6	2805.6~2829	2016.10.28	14.5	9.7	33.23	32/2349.72	4.8/4	2329.7	4	3.2	20	0.0677	0.0209
高 103-16x	2873	3.0/2		2830~2836.4	2016.10.28	14.5	10.3	28.93	32/1997.82	4.8/2.5	1978	2.2	1.9	15	0.0581	0.0144
高 103-17x	2823	11.4/4	4.4/3	2754.6~2781.2	2016.10.30	14.4	11.9	17.54	32/2353.33	5/4.5	2331	2.5	2	20.55	0.0751	0.0187
高 103-22x	2905	6.4/3	1.8/1	2849.8~2865.6	2016.10.27	14.5	6.0	58.75	32/2300.04	4.8/4	2256	3.8	3	21.43	0.0596	0.0361
高 103-26x	2961	3.0/2		2886.6~2901.4	2016.10.30	14.5	7.7	46.86	32/2398.74	4.8/4.5	2056.3	5.4	4.4	18.47	0.0801	0.0305

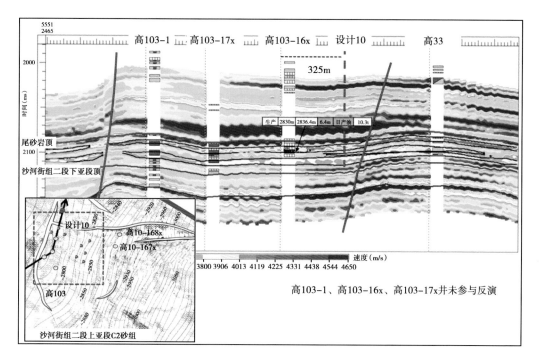

图 9-46　饶阳凹陷设计 10 井与高 103-16x 井连井反演剖面及对应平面位置

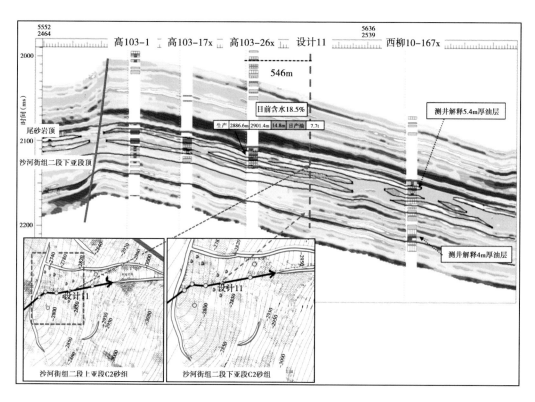

图 9-47　饶阳凹陷设计 11 井与高 103-26x 井连井反演剖面及对应平面位置图

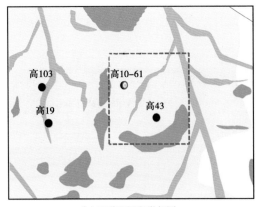
（a）C2砂组沉积微相图

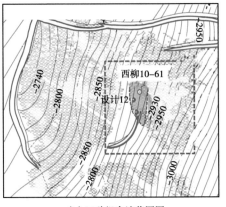
（b）C2砂组含油范围图

图9-48　饶阳凹陷西柳10-61井区沙河街组二段下亚段C2砂组沉积微相和含油范围图

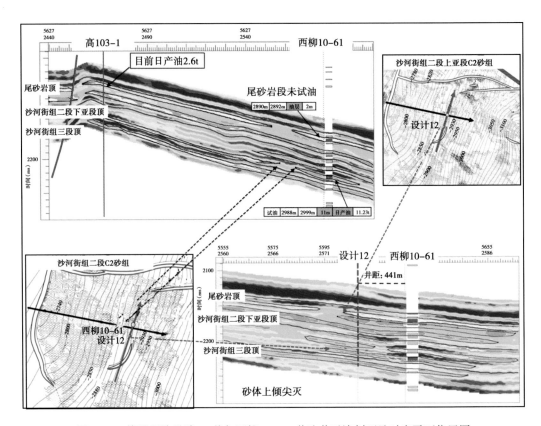

图9-49　饶阳凹陷设计12井与西柳10-61井连井反演剖面及对应平面位置图

1）蠡县斜坡西柳1—西柳2井区

通过蠡县斜坡4km×4km地震测网精细构造解释和等T_0图，西柳105井沙河街组二段上亚段尾砂岩C2砂组解释为含油水层，位于构造低部位；西柳101井与西柳1井沙河街组二段上亚段尾砂岩C2砂组解释为油层，位于局部构造高部位（图9-51）。西柳1—西柳2井区为沙河街组二段上亚段三角洲外前缘水下分流河道沉积微相发育地区，储层平均厚度为9m。西柳1井试油获高产，沙河街组二段上亚段（尾砂岩段）C1砂组日产油17t，沙河

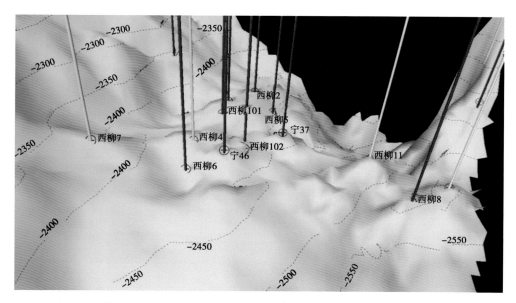

图 9-50　饶阳凹陷西柳内带潜力区沙河街组二段上亚段（尾砂岩段）顶界构造图

街组二段上亚段（尾砂岩段）C2 砂组日产油 7.2t；西柳 2 井沙河街组二段上亚段（尾砂岩段）C2 砂组（3325～3330m）试油日产油 1.16t；低部位西柳 105 井试油为油花。以西柳 105 井和西柳 2 井圈定含油潜力范围，面积为 3.85km²，以 250m 井距为标准，可部署设计井位 13 口，其中 3 口评价井、10 口开发井（图 9-51）。

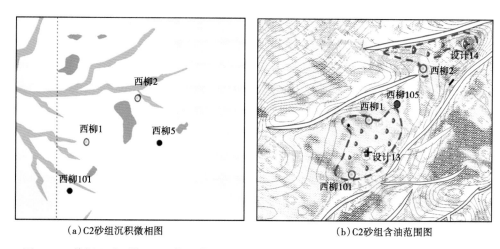

|(a)C2砂组沉积微相图|(b)C2砂组含油范围图|

图 9-51　饶阳凹陷西柳 1—西柳 2 井区沙河街组二段上亚段 C2 砂组沉积微相和含油范围图

　　饶阳凹陷西柳 1 井区共提出 1 口评价井，设计 13 井过 Line5319、CDP2996，设计井垂深为 3415m，目的层段为沙河街组二段上亚段尾砂岩 C1 砂组、C2 砂组和 C3 砂组，预计钻遇砂体厚度为 4+7+5＝16m，与西柳 101 井井距为 761m。该处为低幅构造圈闭，砂体连通性较好，且低部位西柳 101 井（3361.5～3365m）试油日产油 0.71t，西柳 1 井试油获得高产（图 9-52）。

　　饶阳凹陷西柳 2 井北区可设计 2 口井位。设计 14 井过 Line5505、CDP3025，设计垂深

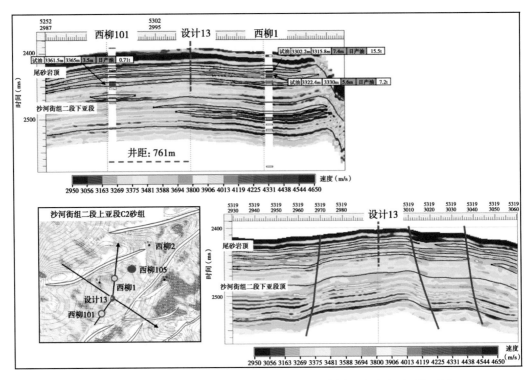

图 9-52　饶阳凹陷设计 13 井与西柳 1 井连井反演剖面及对应平面位置图

为 3450m，目的层段为沙河街组二段上亚段尾砂岩 C1 砂组、沙河街组二段下亚段 C1 砂组，砂体厚度为 7+5＝12m。设计 15 井过 Line5465、CDP2984，设计井垂深为 3450m，钻遇目的层段为沙河街组二段上亚段尾砂岩 C1 砂组、沙河街组二段下亚段 C1 砂组和 C2 砂组，砂体厚度为 4+5+5＝14m，与西柳 2 井井距为 663m。设计 14、设计 15 井均位于局部高部位，西柳 2 井沙河街组二段上亚段（尾砂岩段）C2 砂组试油日产油 1.16t，沙河街组二段下亚段 C1 砂组试油日产油 1.3t（图 9-53）。

2）蠡县斜坡西柳 5 井区

饶阳凹陷西柳 5 井西南区可设计 1 口井位。精细构造解释，发现西柳 5 井附近存在分支断层，形成构造圈闭，砂体位于圈闭内（图 9-54）。

饶阳凹陷西柳 5 井区发育沙河街组二段上亚段浅水三角洲外前缘水下分流河道沉积微相，西柳 5 井沙河街组二段上亚段（尾砂岩段）试油日产油 0.44t，以其为油水边界圈定含油潜力范围，面积为 0.33km² （图 9-55，表 9-5）。

西柳 5 井区设计 1 口井位，设计 16 井过 Line5385、CDP3067，设计井垂深为 3440m，目的层段为沙河街组二段上亚段尾砂岩 C2 砂组，砂体厚度为 7m。设计 16 井位于西柳 5 井的油层高部位，砂体上倾尖灭且连通性好，与西柳 5 井有 583m 的井距。低部位西柳 5 井（3375.1~3402.6m）试油日产油 0.44t，砂体上倾尖灭且连通性好（图 9-55、图 9-56）。

3）蠡县斜坡西柳 6 井区

饶阳凹陷西柳 6 井区内沙河街组二段上亚段发育三角洲前缘水下分流河道微相，设计 17 井位于西柳 6 井高部位，且西柳 6 井沙河街组二段上亚段（尾砂岩段）C2 砂组日产油 0.91t。潜力区以西柳 6 井为油水边界，并沿砂体边界划定（图 9-57、图 9-58，表 9-6）。

184

表 9-5 饶阳凹陷西柳 5 井沙河街组二段二亚段试油数据

井号	完钻井深(m)	射孔井段(m)	层数	厚度(m)	试油日期	工作制度	日产量		累计产量		原油分析			地层水分析	
							油(t)	水(m³)	油(t)	水(m³)	20℃密度(g/cm³)	50℃黏度(mPa·s)	胶质沥青质(%)	氯离子(mg/L)	总矿化度(g/cm³)
西柳5	3600	3375.1~3390.2	2	11.2	1985.9.7~9.28	酸前：9h30min 升10m，平均液面2110m	油花	0.28	0.014	井容未排完	0.9412	239.42	38.5		
						酸后：日抽45次，泵深1500m，液面1430m	0.45	2.4	4.62	井容残酸未排完	0.9192	496.33	45.2		
		3375.1~3402.6	4	18.1	1985.9.29~10.21	4h 升35m，平均液面1775.5m	0.44	1.83	3.02	2.6	0.9217	584	55.65	2268.8	8463.9
		3417.6~3425.0	1	7.4	1985.10.21~10.23	地层测试，开井193min，关井488min	1.4	18.9	0.19	4.55	0.9282	480.23	54.8	1347.1	2960.7

表 9-6 饶阳凹陷西柳 6 井沙河街组二段上亚段试油数据

井号	完钻井深(m)	射孔井段(m)	层数	厚度(m)	试油日期	工作制度	日产量		累计产量		原油分析					地层水分析		
							油(t)	水(m³)	油(t)	水(m³)	20℃密度(g/cm³)	50℃黏度(mPa·s)	含蜡(%)	凝固点(℃)	胶质沥青质(%)	氯离子(mg/L)	总矿化度(g/cm³)	水型
西柳6	3600	3362.0~3366.0	1	4.0	1986.11.3	地层测试，开井186min，关井650min	0.02	15.48	0.003	3.13						4849.6	11293.4	NaHCO3
		3342.8~3366.0	4	12.5	1986.11.17	地层测试，开井172min，关井624min	0.91	28.6	回收0.11	回收3.46	0.9142	552.52	13.9	28	51.4	4764.5	11392.3	NaHCO3
		3100.1~3103.0	1	2.9	1986.11.23	地层测试，开井165min，关井585min	8.1	6.78	回收0.93	回收0.78	0.9094	613.08	13.9	40	47.1	1790.2	6477.2	NaHCO3

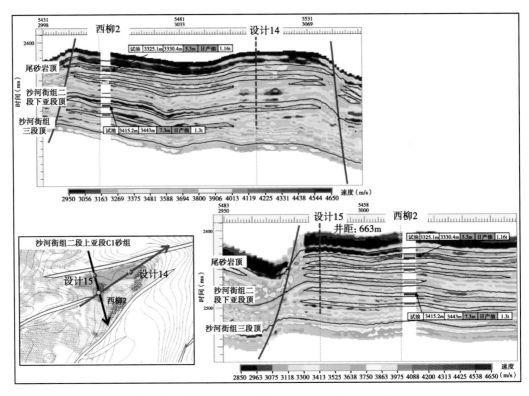

图 9-53　饶阳凹陷设计 14 井、设计 15 井与西柳 2 井连井反演剖面及对应平面位置图

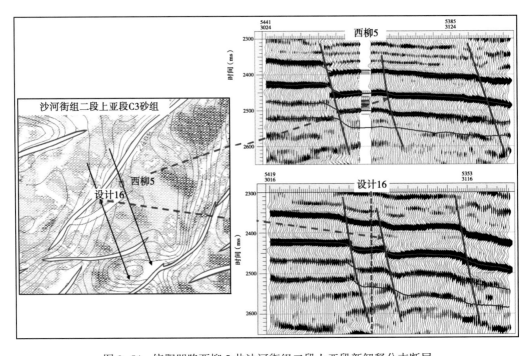

图 9-54　饶阳凹陷西柳 5 井沙河街组二段上亚段新解释分支断层

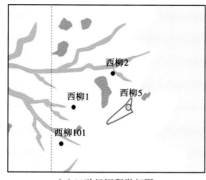

（a）C3砂组沉积微相图

（b）C3砂组含油范围图

图 9-55　饶阳凹陷西柳 5 井区沙河街组二段上亚段沉积微相和含油范围图

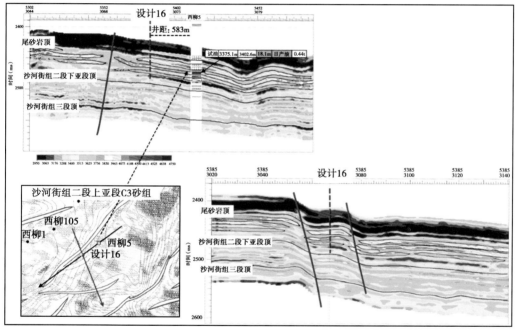

图 9-56　饶阳凹陷设计 16 井与西柳 5 井连井反演剖面及对应平面位置图

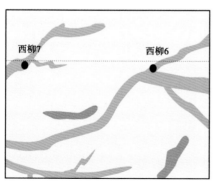

（a）C2砂组沉积微相图

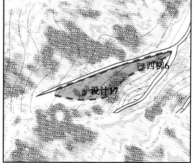

（b）C2砂组含油范围图

图 9-57　饶阳凹陷西柳 6 井区沙河街组二段上亚段沉积微相和含油范围图

西柳 6 井南区提出设计 17 井，该井过 Line4982、CDP2947，设计井垂深为 3385m，目的层段为沙河街组二段上亚段尾砂岩 C1 砂组，砂体厚度为 10m，与西柳 6 井井距为 2190m。断层与尾砂岩 C2 砂组砂体尖灭区复合（图 9-58）。

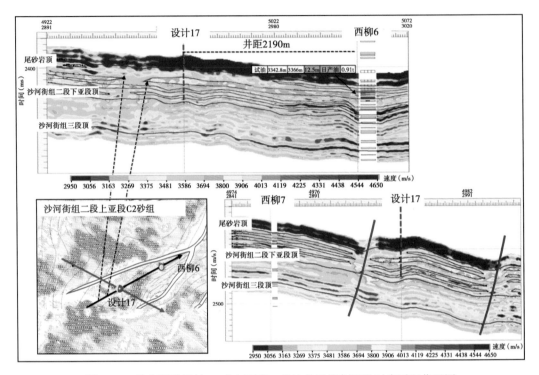

图 9-58　饶阳凹陷设计 17 井与西柳 6 井连井反演剖面及对应平面位置图

4）蠡县斜坡西柳 102 井区

饶阳凹陷西柳 102 井区沙河街组二段上亚段发育浅水三角洲内/外前缘沉积，西柳 102 井区新发现两处低幅构造圈闭，根据构造划定潜力范围，潜力区面积为 1.07km^2，宁 37 井（3242~3408m）投产初期日产油 13.22t，西柳 102 井（3015.3~3384.1m）投产初期日产油 10.6t（图 9-59，表 9-7）。

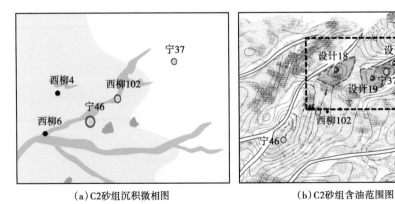

（a）C2砂组沉积微相图　　　　（b）C2砂组含油范围图

图 9-59　饶阳凹陷西柳 102 井区沙河街组二段上亚段 C2 砂组沉积微相和含油范围图

表9-7 饶阳凹陷西柳102井区沙河街组二段上亚段生产数据

井号	生产井段 (m)	投产初期生产情况								末期或目前生产情况（2017.2）							累计产油 (t)	累计产水 (m³)
		投产日期 (m)	泵径/泵深 (in/m)	工作制度	日产液 (t)	日产油 (t)	日产水 (m³)	含水 (%)	动液面 (m)	泵径/泵深 (in/m)	工作制度	日产液 (t)	日产油 (t)	日产水 (m³)	含水 (%)	动液面 (m)		
西柳102	3015.3~3018.0	1994.1	螺杆泵	222次/min	6.5	6.3	0.2	3.48	0	38/2050.07	5/4	2.2	1.8	0.4	17.91	0	1854	144
	3015.3~3384.1	1994.9	38/2043.86	5/4	12	10.6	1.1	11.83	0	38/2050.07	5/4	0.6	0.6	0	7.14	1781	5029	809
		1996.10	38/2091.81	5/4	10.4	6.6	3.8	36.4	0	38/2050.07	5/4	4.4	2.0	2.4	53.92	1768	18589	7454
		2010.6	38/2047.89	5/4	3.2	2.0	1.2	36.73	1396	32/2048.28	5/4	5.4	3.8	1.7	30.56	2006	20472	10560
宁37	3242~3408.6	2016.7.2	38/1900.59	4.8/3.5	21	13.22	7.78	37.04	1225	38/1900.59	4.8/3.5	11.2	5.8	5.4	48.28	1831	1588	987

饶阳凹陷西柳102井区可提出三口设计井位。设计18井位于局部构造高部位，过Line5240、CDP3074，设计井垂深为3460m，目的层段为沙河街组二段上亚段尾砂岩C2砂组和C3砂组、沙河街组二段下亚段C2砂组，砂体厚度为4+5+5=14m，与宁37井井距为1060m。设计19井位于局部构造高部位，过line5263、CDP3131，设计井垂深为3460m，目的层段为沙河街组二段上亚段尾砂岩C2砂组和C3砂组，砂体厚度为6+5=11m，与宁37井井距为396m。西柳102井（3015.3~3384.1m）投产初期日产油10.6t。设计19井与西柳102井位置相近。设计20井位于宁37井局部高部位，过Line5299、CDP3142，设计井垂深为3460m，目的层段为沙河街组二段上亚段尾砂岩C2砂组和C3砂组，砂体厚度为5+6=11m，与宁37井井距为434m（图9-60、图9-61）。

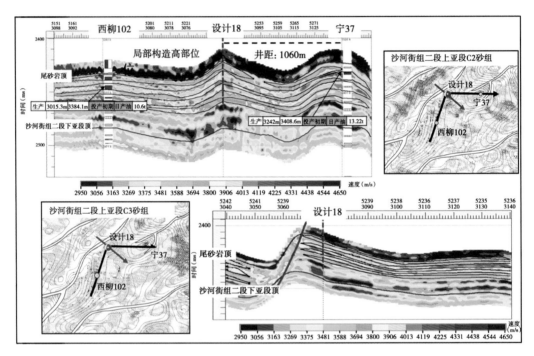

图9-60　饶阳凹陷设计18井与宁37井连井反演剖面及对应平面位置图

5）蠡县斜坡西柳4井区

饶阳凹陷西柳4井区沙河街组二段上亚段发育三角洲外前缘水下分流河道沉积微相，西柳4井沙河街组二段上亚段（尾砂岩段）C1砂组（3341.2~3352.7m）试油为零星油花，把西柳4井作为油水边界，构造高部位具有油气勘探潜力。西柳7井沙河街组二段上亚段（尾砂岩段）C1砂组（3281.3~3286.2m）试油日产油0.28t，把西柳7井作为油水边界圈定含油面积，划定含油范围，潜力区面积为4.73km²，计算地质储量为235.84×10⁴t（图9-62）。

饶阳凹陷设计21井过Line4935、CDP2802，设计井垂深为3410m，目的层段为沙河街组二段上亚段尾砂岩C1砂组和C2砂组，预计砂体厚度为3+6=9m，与西柳4井井距为1810m。设计井比低部位西柳4井高约4m（图9-63）。设计22井过Line5102、CDP2907，设计井垂深为3350m，目的层段为沙河街组二段上亚段尾砂岩C1砂组和C2砂组，预计砂体厚度为4+6=10m，与西柳7井井距为1500m（图9-64）。

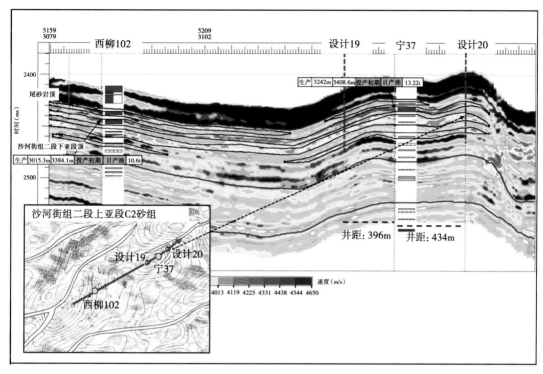

图 9-61　饶阳凹陷设计 19 井和设计 20 井与宁 37 井连井反演剖面及对应平面位置图

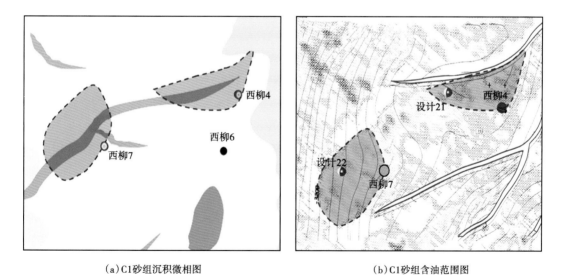

（a）C1 砂组沉积微相图　　　　　（b）C1 砂组含油范围图

图 9-62　饶阳凹陷西柳 4 井区沙河街组二段上亚段 C1 砂组沉积微相和含油范围图

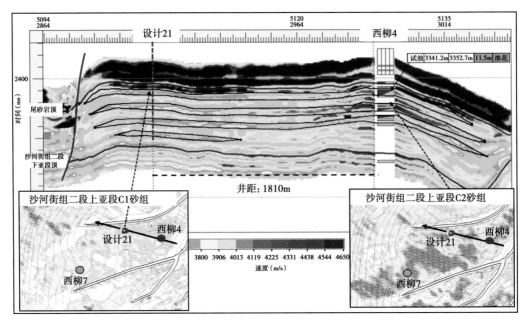

图 9-63　饶阳凹陷设计 21 井与西柳 4 井连井反演剖面及对应平面位置图

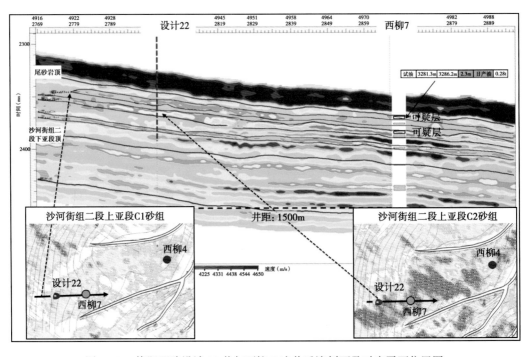

图 9-64　饶阳凹陷设计 22 井与西柳 7 连井反演剖面及对应平面位置图

参 考 文 献

蔡文.2012. 叠覆式浅水三角洲砂体内部结构及其对开发的影响. 荆州：长江大学.

操应长，韩敏，王艳忠，等.2010. 济阳坳陷车镇凹陷沙二段浅水三角洲沉积特征及模式. 石油与天然气地质，（05）：576–582.

陈贺贺，朱筱敏，黄捍东，等.2017. 基于碎屑锆石定年的饶阳凹陷蠡县斜坡沙河街组物源分析. 地球科学—中国地质大学学报，11：1955-1971.

陈骥.2015. 冀中饶阳凹陷蠡县斜坡沙三上与沙一下沉积储层特征研究.2015 年全国沉积学大会沉积学与非常规资源论文摘要集，1.

崔周旗，李文厚，李莉，等.2005. 冀中饶阳凹陷蠡县斜坡古近系沙河街组沙二段及沙一段下亚段沉积相与隐蔽油藏. 古地理学报，3：373-381.

邓晓晖.2015. 蠡县斜坡北段沙一下成藏过程研究. 武汉：长江大学.

董春梅，张宪国，林承焰.2006. 地震沉积学的概念、方法和技术. 沉积学报，5：698-704.

董春梅，张宪国，林承焰.2006. 有关地震沉积学若干问题的探讨. 石油地球物理勘探，4：405-409.

侯可军，李延河，田有荣.2009.LA-MC-ICP-MS 锆石微区原位 U—Pb 定年技术. 矿床地质，4：481-492.

黄秀，刘可禹，邹才能，等.2013. 鄱阳湖浅水三角洲沉积体系三维定量正演模拟. 地球科学（中国地质大学学报），5：1005-1013.

黄萱.2014. 蠡县斜坡高阳油田沙河街组沉积微相及储层特征研究. 青岛：中国石油大学（华东）.

纪友亮，卢欢，刘玉瑞.2013. 苏北盆地高邮凹陷古近系阜宁组一段浅水三角洲和滩坝沉积模式. 古地理学报，5：728-740.

贾承造，赵文智，邹才能，等.2004. 岩性地层油气藏勘探研究的两项核心技术. 石油勘探与开发，31（3）：3-9.

贾承造，赵文智，邹才能，等.2007. 岩性地层油气藏地质理论与勘探技术. 石油勘探与开发，34（3）：257-271.

贾承造，赵政璋，杜金虎，等.2008. 中国石油重点勘探领域：地质认识、核心技术、勘探成效及勘探方向. 石油勘探与开发，35（4）：385-396.

贾敬.2009. 华北油田饶阳凹陷蠡县斜坡三维地震全信息解释研究. 石家庄：石家庄经济学院.

李斌，宋岩，何玉萍，等.2009. 地震沉积学探讨及应用. 地质学报，6：820 -826.

李坤.2016. 蠡县斜坡沙河街组沙一段混合沉积研究. 唐山：华北理工大学.

李琪.2014. 蠡县斜坡中北部同口地区古近系沙河街组储层评价. 西安：西安石油大学.

李瑞嵩.2012. 蠡县斜坡沙河街组沙二段至沙一下亚段物源分析及沉积相特征. 成都：西南石油大学.

李祥权，陆永潮，全夏韵，等.2013. 从层序地层学到地震沉积学：三维地震技术广泛应用背景下的地震地质研究发展方向. 地质科技情报，1：133-138.

刘宝和，胡世瑞，赵政璋，等.2005. 老树新花源自精细勘探：中国石油冀东油田陆上精细勘探的调查报告. 中国石油石化，21：58-62.

刘金龙，李胜利，梁星如，等.2016. 冀中坳陷蠡县斜坡古近系沙一下亚段沉积物源分析. 古地理学报，5：808-817.

刘井旺.2013. 饶阳凹陷蠡县斜坡油气富集规律与勘探方向. 武汉：长江大学.

刘柳红，朱如凯，罗平，等.2009. 川中地区须五段—须六段浅水三角洲沉积特征与模式. 现代地质，4：667-675.

刘诗奇，朱筱敏，王瑞，等.2012. 陆相湖盆浅水三角洲沉积体系研究. 山东科技大学学报（自然科学版），5：93-104.

刘自亮，沈芳，朱筱敏，等.2015. 浅水三角洲研究进展与陆相湖盆实例分析. 石油与天然气地质，4：596-604.

楼章华，袁笛，金爱民.2004. 松辽盆地北部浅水三角洲前缘砂体类型、特征与沉积动力学过程分析. 浙江大学学报（理学版），2：211-215.

罗彩珍，田世澄，李瑞民.2009. 冀中饶阳凹陷蠡县斜坡北段古近系沙河街组沉积相及成藏有利区带. 古地理学报，6：697-701.

马红岩，闫宝义，于培峰，等.2013. 饶阳凹陷蠡县斜坡中部沙一下亚段碳酸盐岩沉积储层及油藏特征. 中国石油勘探，6：25-33.

孟卫工.2005. 富油气坳陷深化勘探做法和体会. 中国石油勘探，10（4）：10-15.

任小军.2009. 断陷盆地缓坡带油气富集规律研究. 北京：中国地质大学（北京）.

施辉，刘震，连良达，等.2013. 柴西南红柳泉地区古近系下干柴沟组下段浅水三角洲控砂特征. 地球科学与环境学报，3：66-74.

施辉，刘震，张勤学，等.2015. 柴达木盆地西南区古近系浅水三角洲形成条件及砂体特征. 中南大学学报（自然科学版），1：188-198.

孙书洋，朱筱敏，魏巍，等.2017. 二连盆地巴音都兰凹陷阿尔善组云质岩储层特征. 岩性油气藏，2：87-98.

孙雨，马世忠，姜洪福，等.2010. 松辽盆地三肇凹陷葡萄花油层河控浅水三角洲沉积模式. 地质学报，10：1502-1509.

孙作兴，张义娜，刘长利，等.2012. 浅水三角洲的沉积特征及油气勘探意义. 石油天然气学报，9：161-165.

王立武.2012. 坳陷湖盆浅水三角洲的沉积特征——以松辽盆地南部姚一段为例. 沉积学报，6：1053-1060.

王永莉，周赏，李楠，等.2013. 缓坡带构造—岩性复合油藏解释技术及效果——以饶阳凹陷蠡县斜坡为例. 石油地球物理勘探，S1：125-130.

魏嘉，朱文斌，朱海龙，等.2008. 地震沉积学——地震解释的新思路及沉积研究的新工具. 勘探地球物理进展，2：95-101.

吴元保，郑永飞.2004. 锆石成因矿物学研究及其对 U—Pb 年龄解释的制约. 科学通报，16：1588-1604.

武小宁.2014. 蠡县斜坡油气成藏主控因素研究. 青岛：中国石油大学（华东）.

杨帆，于兴河，李胜利，等.2010. 冀中坳陷蠡县斜坡油藏分布规律与主控因素研究. 石油天然气学报，4：37-41.

杨帆，于兴河，李胜利，等.2010. 饶阳凹陷蠡县斜坡地层流体压力分布规律及其对油气成藏的影响. 天然气地球科学，5：808-814.

杨帆，于兴河，张峰，等.2010. 冀中坳陷饶阳凹陷蠡县斜坡带层序地层发育模式及主控因素. 古地理学报，1：82-89.

杨帆，张峰.2009. 蠡县斜坡隐蔽油藏类型及勘探思路. 海洋石油，4：33-37.

杨贵祥，黄捍东，高锐，等.2009. 地震反演成果的沉积学解释. 石油实验地质，4：415-419.

杨剑萍，李亚，陈瑶，等.2014. 冀中坳陷蠡县斜坡沙一下亚段碳酸盐岩滩坝沉积特征. 西安石油大学学报（自然科学版），6：21-28.

叶蕾，朱筱敏，秦祎，等.2018. 断陷湖盆浅水三角洲沉积体系研究. 地球科学与环境学报，40（2）：186-202.

袁选俊，谯汉生.2002. 渤海湾盆地富油气凹陷隐蔽油气藏勘探. 石油与天然气地质，23（2）：130-133.

曾洪流，朱筱敏，朱如凯，等.2012. 陆相坳陷型盆地地震沉积学研究规范. 石油勘探与开发，3：275-284.

曾洪流.2011. 地震沉积学在中国：回顾和展望. 沉积学报，3：417-426.

张峰，李胜利，黄杰，等.2015. 华北蠡县斜坡油气藏分布、成藏模式及主控因素探讨. 岩性油气藏，5：188-195.

张新涛，周心怀，李建平，等 . 2014. 敞流沉积环境中"浅水三角洲前缘砂体体系"研究 . 沉积学报，2：260-269.

赵东娜，朱筱敏，董艳蕾，等 . 2014. 地震沉积学在湖盆缓坡滩坝砂体预测中的应用——以准噶尔盆地车排子地区下白垩统为例 . 石油勘探与开发，1：55-61.

赵伟，邱隆伟，姜在兴，等 . 2011. 断陷湖盆萎缩期浅水三角洲沉积演化与沉积模式——以东营凹陷牛庄洼陷古近系沙三段上亚段和沙二段为例 . 地质学报，6：1018-1027.

赵贤正，王权，金凤鸣，等 . 2015. 渤海湾盆地富油凹陷二次勘探工程及其意义 . 石油勘探与开发，42（6）：723-733.

周海民，董月霞，刘蕴华，等 . 2003. 冀东南堡凹陷精细勘探实践与效果 . 中国石油勘探，8（1）：11-15.

朱伟林，李建平，周心怀，等 . 2008. 渤海新近系浅水三角洲沉积体系与大型油气田勘探 . 沉积学报，4：575-582.

朱希收 . 2014. 蠡县斜坡中北段油气成藏规律研究 . 北京：中国地质大学（北京）.

朱筱敏，董艳蕾，胡廷惠，等 . 2001. 精细层序地层格架与地震沉积学研究——以泌阳凹陷核桃园组为例 . 石油与天然气地质，4：615-6.

朱筱敏，黄捍东，代一丁，等 . 2014. 珠江口盆地番禺 4 洼文昌组层序格架与沉积体系研究 . 岩性油气藏，4：1-8.

朱筱敏，李洋，董艳蕾，等 . 2013. 地震沉积学研究方法和歧口凹陷沙河街组沙一段实例分析 . 中国地质，1：152-162.

朱筱敏，刘媛，方庆，等 . 2012. 大型坳陷湖盆浅水三角洲形成条件和沉积模式：以松辽盆地三肇凹陷扶余油层为例 . 地学前缘，1：88-99.

朱筱敏，潘荣，赵东娜，等 . 2013. 湖盆浅水三角洲形成发育与实例分析 . 中国石油大学学报（自然科学版），5：7-14.

朱筱敏，赵东娜，曾洪流，松辽盆地齐家地区青山口组浅水三角洲沉积特征及其地震沉积学响应 . 沉积学报，5：888-897.

朱筱敏 . 2000. 层序地层学 . 北京：石油大学出版社 .

朱筱敏 . 2008. 沉积岩石学 . 第 4 版 . 北京：石油工业出版社 .

邹才能，赵文智，张兴阳，等 . 2008. 大型敞流坳陷湖盆浅水三角洲与湖盆中心砂体的形成与分布 . 地质学报，6：813-825.

Allen P A, Hovius N. 1988. Sediment supply from landslide-dominated catchments: implications for basin-margin fans. Basin Research, 10: 18-35.

Allen P A. 2008. From landscapes into geological history. Nature, 451 (17): 274-276.

Anthony E J, Julian M. 1999. Source-to-sink sediment transfers, environmental engineering and hazard mitigation in the steep Var River catchment, French Riviera, southeastern France. Geomorphology, 31 (1): 337-354.

Bridge J S, Mackey S D. 1993. A revised alluvial stratigraphy model. in Marzo, M., and Puigdefabregas, C., eds.. Alluvial Sedimentation: International Association of Sedimentologists, Special Publication 17, 319-336.

Cartwright J A, Trudgill B D, Mansfield C S. 1995. Fault growth by segment linkage: an explanation for scatter in maximum displacement and trace length data from the Canyonlands Graben of S. E. Utah. J. Struct. Geol., 17, 1319-1326.

Connell S D, Kim W, Paola C, et al. 2012. Fluvial morphology and sediment-flux steering of axial-transverse boundaries in an experimental basin. Journal of Sedimentary Research, 82 (5): 310-325.

Cope T, Ping L, Xingyang Z, et al. 2010. Structural controls on facies distribution in a small half-graben basin: Luanping basin, northeast China. Basin Research, 22 (1): 33-44.

Dong Yanlei, Zhu X, Xian B, et al. 2015. Seismic geomorphology study of the Paleogene Hetaoyuan Formation, central-south Biyang Sag, NanxiangBasin, China. Marine and Petroleum Geology, 64 (7): 104-124.

Doust H. 2015. Rift basin evolution and petroleum system development. in 34th Annual Gulf Coast Section SEPM Foundation Perkins-Rosen Research Conference, 14.

Doust H, H Sumner. 2007. Petroleum systems in rift basins - a collective approach in Southeast Asian basins. Petroleum Geoscience, 13: 127-144.

Elliott G M, Jackson C A L, Gawthorpe R L, et al. 2015. Late syn-rift evolution of the Vingleia Fault Complex, Halten Terrace, offshore Mid - Norway: a test of rift basin tectono - stratigraphic models. Basin Research, 27: 1-23.

Gawthorpe R L, Leeder M R. 2000. Tectono-sedimentary evolution of active extensional basins. Basin Research, 12 (3-4): 195-218.

Gupta S, H, Davoodi, R Alonso-Terme. 1998. A mechanism to explain rift-related subsidence and stratigraphic patterns through fault-array evolution. Geology, 26 (7): 1-37.

Henstra G A, Gawthorpe R L, Helland-Hansen W, et al. 2017. Depositional systems in multiphase rifts: seismic case study from the lofoten margin, norway. Basin Research, 29 (4): 47-469.

Hsiao L Y, Graham S A, Tilander N. 2010. Stratigraphy and sedimentation in a rift basin modified by synchronous strike-slip deformation: southern Xialiao basin, Bohai, offshore China. Basin Research, 22 (1): 61-78.

Kingston D R, C P Dishroon, P A Williams. 1983. Global basin classification system. AAPG Bull. , 67: 2175-2193.

Leeder M R, Jackson J A. 1993. The interaction between normal faulting and drainage in active extensional basins, with examples from the western United States and central Greece. Basin Research, 5: 79-102.

Leeder M R. 2011. Tectonic sedimentology: sediment systems deciphering global to local tectonics. Sedimentology, 58 (1): 2-56.

Leeder M R, Mack G H, Salyards S L. 1996. Axial— transverse fluvial interactions in half-graben: Plio-Pleistocene Palomas Basin, southern Rio Grande Rift, New Mexico, USA. Basin Research, 12: 225-241.

Leeder M R, Mack G H. 2001. Lateral erosion ("toe cutting") of alluvial fans by axial rivers: implications for basin analysis and architecture. J. Geol. Soc. London, 158: 885-893.

Leeder M R, Seger M, Stark C. P. 1991. Sedimentology and tectonic geomorphology adjacent to active and inactive normal faults in the Megara Basin and Alkyonides Gulf, Central Greece. J. Geol. Soc. London, 148: 331-343.

Liu Y, Gao S, Hu Z, et al. 2010. Continental and oceanic crust recycling-induced melt-peridotite interactions in the Trans-North China Orogen: U-Pb dating, Hf isotopes and trace elements in zircons from mantle xenoliths. Journal of Petrology, 51 (1-2): 537-571.

Liu Y, Hu Z, Zong K, et al. 2010. Reappraisement and refinement of zircon U-Pb isotope and trace element analyses by LA-ICP-MS. Chinese Science Bulletin, 55 (15): 1535-1546.

Mack G H, Seager W R, Leeder M R, et al. . Pliocene and Quaternary history of the Rio Grande, the axial river of the southern Rio Grande rift, NewMexico, USA. Earth-Science Reviews, 79: 141-162.

Mann P, M Horn, I, Cross. 2007. Emerging trends from 69 giant oil and gas fields discovered from 2000—2006. Search and Discovery, 110045.

Marr J G, Swenson J B, Paola C, et al. 2000. A two-diffusion model of fluvial stratigraphy in closed deposi- tional basins. Basin Research, 12: 381-398.

Marrett R Allmendinger R W. 1991. Estimates of strain due to brittle faulting: sampling offault populations. J. Struct. Geol. , 13: 735-738.

Masini E, Manatschal G, Mohn G, et al. 2011. The tectono-sedimentary evolution of a supra-detachment rift basin at a deep-water magma-poor rifted margin: the example of the Samedan Basin preserved in the Err nappe in SE Switzerland. Basin Research, 23 (6): 652-677.

Muravchik M, Bilmes A, D'elia, et al. 2014. Alluvial fan deposition along a rift depocenter border from the

Neuquen Basin, Argentina. Sedimentary Geology, 301: 70-89.

Prosser S. 1993. Rift-related linked depositional systems and their seismic expression. Geological Society, London, Special Publications, 71 (1): 35-66.

Stephen Schwarz. 2015. Syn-rift drainages and sedimentary fill architecture: a case study in the Jurassic of the Dampier Sub-basin. Colorado School of Mines.

Walsh J J, Watterson J. 1988. Analysis of the relationship between displacement and dimensions of faults. J. Struct. Geol. , 10: 239-247.

Watterson J. 1986. Fault dimensions, displacements and growth. Pure & Appl. Geophys. , 124: 365-373.

Zeng Hongliu, Backus M M, Barrow K T, et al. 1998. Stratal slicing, part I: realistic 3 − D seismic model. Geophysics, 63 (2): 502-513.

Zeng Hongliu, Backus M M, Barrow K T, et al. 1996. Facies mapping from three-dimensional seismic data: potential and guidelinesfrom a Tertiary sandstone-shale sequence model, Powderhorn field, Calhoun County, Texas. AAPG Bulletin, 80 (1): 16-46.

Zeng Hongliu, Henry S C, Riola J P. 1998. Stratal slicing, part II: real seismic data. Geophysics, 63 (2): 514-522.

Zeng Hongliu, Backus M M. 2005. Interpretive advantages of 90°-phase wavelets: Part1 — modeling. Geophysics, 70 (3): 7-15.

Zeng Hongliu, Backus M M. 2005. Interpretive advantages of 90° − phase wavelets: Part2 — seismic applications. Geophysics, 70 (3): 17-24.

Zeng Hongliu, Hentz T F. 2004. High-frequency sequence stratigraphy from seismicsedimentology: applied to Miocene, Vermilion Block 50, Tiger Shoal area, offshore Louisiana. AAPG Bulletin, 88 (2), 153-174.

Zeng Hongliu, Kerans Charles. 2003. Seismic frequency control on carbonate seismic stratigraphy: a case study of the Kingdom Abo sequence, West Texas. AAPG Bulletin, 87 (2), 273-293.